U0151728

# 稠密等离子体中
# 高离化态离子的结构和性质

李向富 著

图书在版编目（CIP）数据

稠密等离子体中高离化态离子的结构和性质 / 李向富著. — 成都 : 四川大学出版社, 2023.6
（数理科学研究）
ISBN 978-7-5690-5811-6

Ⅰ. ①稠… Ⅱ. ①李… Ⅲ. ①稠密等离子体—研究 Ⅳ. ①053

中国版本图书馆 CIP 数据核字 (2022) 第 228109 号

书　　名：稠密等离子体中高离化态离子的结构和性质
Choumi Dengliziti zhong Gaolihuatai Lizi de Jiegou he Xingzhi
著　　者：李向富
丛 书 名：数理科学研究

---

丛书策划：庞国伟　蒋　玙
选题策划：李思莹
责任编辑：李思莹
责任校对：周维彬
装帧设计：墨创文化
责任印制：王　炜

---

出版发行：四川大学出版社有限责任公司
地址：成都市一环路南一段 24 号（610065）
电话：（028）85408311（发行部）、85400276（总编室）
电子邮箱：scupress@vip.163.com
网址：https://press.scu.edu.cn
印前制作：四川胜翔数码印务设计有限公司
印刷装订：成都金阳印务有限责任公司

---

成品尺寸：185mm×260mm
印　　张：7.5
字　　数：180 千字

---

版　　次：2023 年 6 月 第 1 版
印　　次：2023 年 6 月 第 1 次印刷
定　　价：48.00 元

---

# 前　言

受控核聚变是人类安全利用核能的终极目标，其基本思想：在一定条件下，氘和氚能够发生核聚变，并释放出能量。受控核聚变的主要方式有磁约束聚变和惯性约束聚变。这两种聚变方式所需的条件十分苛刻，目前均处于实验验证阶段，远不能达到商业运行条件。国内外著名的磁约束聚变和惯性约束聚变实验装置有国际热核聚变实验堆(ITER)、中国科学院等离子体物理研究所的全超导托卡马克核聚变实验装置(EAST)、中核集团核工业西南物理研究院的中国环流器二号M装置、中国工程物理研究院激光聚变研究中心的神光Ⅲ装置、美国国家点火装置（NIF)。发生核聚变的物质呈高温高压的等离子体状态，对其状态的精确诊断是实现核聚变的先决条件。目前，诊断等离子体状态的理论模型和实验手段均不完善，已成为国际热点学术问题。

在等离子体中，离子处在自由电子和带电离子所产生的势场中，该势场使得离子的诸多性质发生了变化，如能级移动、谱线展宽、谱线合并、能级交叉和电离势降低等。理论上对这些性质的模拟和计算以及实验上的精确测量，不仅能够加深人们对等离子体中各种相互作用的认识，还能为惯性约束聚变、磁约束聚变、等离子体物理、天体物理、高能量密度物理等方面的研究提供基础数据和实践经验。与磁约束聚变相比，惯性约束聚变等离子体密度更高，即处于稠密状态，其中的离子一般呈高离化态。本书重点介绍稠密等离子体中高离化态离子的结构和性质。

本书全面系统地论述了等离子体中原子的特性和原子过程、常用的屏蔽势模型、原子结构的研究方法、高离化态离子的结构和性质。全书由10章组成。第1章介绍了等离子体中原子的特性、主要的原子过程、高离化态离子结构和性质的研究现状；第2章介绍了描述等离子体屏蔽效应的主要势模型：德拜模型、托马斯-费米模型、离子球模型、准分子模型和离子关联模型；第3章介绍了研究稠密等离子体中高离化态离子结构和性质的多组态狄拉克-福克（MCDF）方法；第4章介绍了热稠密等离子体中类氢铝离子的原子结构和跃迁特性；第5章介绍了热稠密等离子体中类氦铝离子的跃迁参数随自由电子密度和电子温度的变化规律；第6章分别介绍了在刚球约束下和稠密等离子体中类氦氩离子1s2s和1s2p原子态的能级精细结构；第7章分别介绍了用非相对论和相对论方法所计算的类氦离子 $2p^2$ （$^3P^e$）- 1s2p（$^3P^e$）的跃迁参数随自由电子密度的变化规律；第8章介绍了类锂离子（$Z=7\sim11$）的跃迁参数随自由电子密度的变化规律；第9章介绍了类锂铝离子主量子数 $n\leqslant3$ 时所有原子态的能级和跃迁参数随自由电子密度的变化情况；第10章介绍了我们对目前离子球模型的改进思路，提出了一种估算稠密等离子体中高离化态离子光谱临界自由电子密度的新方法。

全书由陇东学院李向富编写并统稿，庆阳市人民医院魏巧玲在书稿的细节校对方面做了部分工作。本书的编写是笔者在等离子体中原子结构和动力学过程的科研工作基础上完成的。本书的出版先后得到甘肃省教育厅青年博士基金项目（项目编号：2022QB-162）、甘肃省青年科技基金项目（项目编号：21JR11RM046）、甘肃省自然科学基金项目（项目编号：20JR10RA131）、陇东学院博士基金计划项目（项目编号：XYBY202005）、陇东学院第五批校级培育学科（物理学）和陇东学院著作基金的大力支持和帮助。

在此，向所有为本书出版付出辛勤劳动的人员表示衷心的感谢！

由于笔者水平有限，书中难免存在疏漏和不足之处，敬请专家、读者批评指正！

李向富

**2023 年 1 月**

# 目　录

# 第 1 章 等离子体概述

等离子体（plasma）又称电浆，是由带电粒子（离子、电子和离子团）和中性粒子组成的近似呈电中性的一团均匀的“浆糊”。它广泛存在于宇宙中，常被视为除固、液、气三态外物质存在的第四态[1]。我们生活中所见的日光灯、电弧、霓虹灯、等离子体显示屏、等离子体刻蚀、镀膜、烧结、冶炼、闪电和极光等，其中的物质均呈等离子体状态。在地球上，等离子体物质远比固体、液体和气体物质少；但在宇宙中，等离子体是物质存在的主要形式，如地球周围的电离层、恒星和星际物质等都是等离子体。

当等离子体的温度为 $T$（K）时，热运动的平均速率 $v_{\mathrm{T}}$（m/s）的表达式为

$$mv_{\mathrm{T}}^2/2 = 3kT/2 \tag{1.1}$$

式中，$m$ 为离子质量（kg）；$k$ 为玻尔兹曼常数，$k=1.380649\times10^{-23}$ J/K；$kT$ 表示热能(J)。但在物理的许多领域，通常用电子伏（eV）作为能量的单位（1 eV=$1.6021773\times10^{-19}$ J)，1 eV 热能对应的温度为 $1.16\times10^4$ K。例如，氢原子的电离能为 13.6 eV，即使氢气分子的热能（平均动能）为 1 eV，少量电子的能量是高于13.6 eV的，因此氢气不再是普通的气态，而是呈等离子体状态。自然界中存在着各种类型的等离子体，如图 1.1 所示。例如，密度约为 $10^{12}$ $\mathrm{m}^{-3}$、温度约为 0.2 eV 的电离层，密度约为 $10^6\sim10^7$ $\mathrm{m}^{-3}$、温度约为 10 eV 的太阳风，密度约为 $10^{14}$ $\mathrm{m}^{-3}$、温度约为 100 eV 的日冕，密度高达 $10^{35}\sim10^{36}$ $\mathrm{m}^{-3}$的白矮星等物理系统均呈等离子体状态。

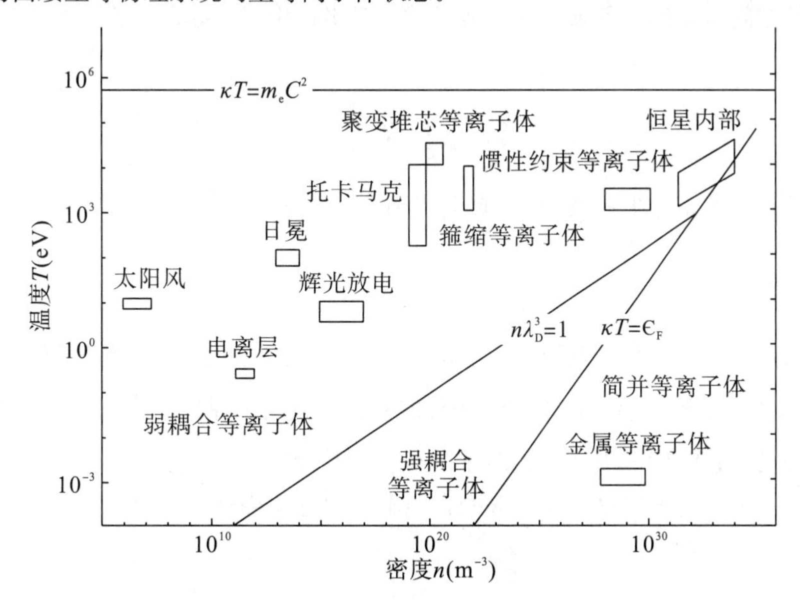


**图 1.1 自然界中各种类型的等离子体**[1]

假定等离子体中离子的核电荷数为 $Z$，带电量为 $z$ 的离子的平均密度为 $N_z$，则平均离子密度为[2]

$$n_{\mathrm{i}} = \sum_{z=0}^{Z} N_z \tag{1.2}$$

尽管上式中的求和中包括了从 $z=0$ 到 $z=Z$ 的所有电荷态的离子，但在实际等离子体中，上式求和中仅仅包括很有限的几个密度不为零的不同电荷态的离子，而其他电荷态的离子密度实际上是为零的。电荷态为 $z$ 的离子所产生的自由电子数为 $z$，故平均自由电子密度为

$$n_{\mathrm{f}} = \sum_{z=0}^{Z} z N_z \tag{1.3}$$

上式等价于等离子体呈电中性状态的要求。这里所说的电中性状态是针对整个系统平均而言的，并不是说局域各个点上都呈电中性状态。

离子平均电荷态 $\bar{Z}$ 由下式定义：

$$\bar{Z} = \frac{\sum_{z=0}^{Z} z N_z}{\sum_{z=0}^{Z} N_z} = \frac{n_{\mathrm{f}}}{n_{\mathrm{i}}} \tag{1.4}$$

即

$$n_{\mathrm{f}} = \bar{Z} n_{\mathrm{i}} \tag{1.5}$$

(1.4) 式是等离子体物理中常用的一个关系式。电荷态分布和平均电荷态 $\bar{Z}$ 取决于等离子体的密度和温度，关于平均电荷态 $\bar{Z}$ 的计算是等离子体光谱研究中的基本问题。

若等离子体的平均离子密度为 $n_{\mathrm{i}}$，则平均每个离子所占据的体积 $V_{\mathrm{i}}=1/n_{\mathrm{i}}$。每个离子占据的空间呈球形，称该球体为离子球，其半径用 $R_0$ 表示，则其体积 $V_{\mathrm{i}}$ 和 $R_0$ 的关系为

$$V_{\mathrm{i}} = \frac{4}{3}\pi R_0^3 = \frac{1}{n_{\mathrm{i}}} \tag{1.6}$$

由上式自然得出离子球半径 $R_0$ 的计算公式为

$$R_0 = \left(\frac{3}{4\pi n_{\mathrm{i}}}\right)^{1/3} \tag{1.7}$$

上式中的 $R_0$ 也称为维格纳-塞茨（Wigner-Seitz）半径。离子球里面仅仅包含一个带电荷为 $\bar{Z}$ 的离子，由于等离子体电中性条件的要求，故离子球里面应该有 $\bar{Z}$ 个自由电子。需要指出的是，就统计平均而言，离子球里面包含 $\bar{Z}$ 个自由电子是完全正确的，但在实际等离子体中，离子球里面所包含的自由电子数是围绕这个平均值上下波动的。

# 1.1　等离子体中原子的特性

## 1.1.1　电离势降低

等离子体中原子的束缚能随着等离子体密度的增加而不断降低的现象称为电离势降低或者连续态降低，这是等离子体中独特的原子现象[3]。为了详细地描述这一现象，我们考虑这样一种情形：离子球里面的自由电子是均匀分布的，离子球外面是电中性背景。当等离子体密度不是很高时，这个假定是合理的。这样的电荷分布所产生的能级移动量为[2]

$$\Delta E_{z,nl} = E_{z,nl} - E_{z,nl}^{0} = \frac{3}{2}\left(\frac{4\pi}{3}\right)^{1/3} ze^{2}n_{\mathrm{i}}^{1/3} = 3.48z\left(\frac{n_{\mathrm{i}}}{10^{21}}\right)^{1/3} \tag{1.8}$$

式中，$E_{z,nl}$ 为处在等离子体中的能级；$E_{z,nl}^{0}$ 为初始自由态能级；$z$ 为离子带电量；$e$ 为电子带电量；$n_{\mathrm{i}}$ 为平均离子密度。该式虽然是一个近似公式，但作为一阶近似，能够从中得到以下有趣的特征：

（1）带电量为 $z$ 的离子的不同状态所对应的能级移动量是相同的，与初始自由态能级、量子数以及其他参数无关。这意味着等离子体环境近似的没有改变任何两个状态间的能量差，当然也没有改变因跃迁而辐射的光子能量。也就是说，所有原子态的能量随等离子体密度变化的曲线呈近似平行状态。

（2）能级移动量正比于平均离子密度的 1/3 次方，表明虽然等离子体密度发生了较大的变化，但能级移动量却比较小。

（3）能级移动量正比于离子球里面的自由电子数，也就是说，带电量越大的离子，其能级移动量越大。

随着等离子体密度的增加，能级移动量越来越大，束缚电子的平均轨道半径 $r_n$（$n$ 表示主量子数）也越来越大，而离子球半径 $R_0$ 却越来越小。姜明等[4]和张丽等[5]认为：当 $r_n = R_0$ 时，该束缚电子就被电离了，即发生了压致电离。也就是说，离子球半径 $R_0$ 是束缚电子平均轨道半径的最大值，当束缚电子的平均轨道半径大于离子球半径时，该束缚电子就被电离了。但我们的研究结果表明：当束缚电子的经典转折点半径小于或者等于离子球半径时，该束缚电子能够被原子核有效束缚；否则该束缚电子已经被电离了。详细讨论见第 10 章。

## 1.1.2　谱线移动

在前面已提到，在一阶近似下，所有能级移动的幅度是相同的。而在实际等离子体中，不同轨道上的能级移动量是不同的，相应的谱线会发生移动，这是由于等离子体环境使得离子的势场发生了变化。两个效应可导致谱线位置的移动：一个是电子与离子或者离子与离子的碰撞；另一个是自由电子所产生的势场的空间分布的变化。第一个效应称为碰撞动力学移动，第二个效应是静电势引起的静态移动[6]。

在实验中测量等离子体谱线移动是非常困难的，原因如下：

（1）移动量相对较小。例如，对于 $Z=10$ 的氖等离子体，只有当平均离子密度达到 $5\times10^{21}$ $cm^{-3}$时，谱线移动所对应的跃迁能移动量才达到可观测值 0.1 eV。而如此高密度的等离子体，其温度也达到 100 eV 以上，主要是类氢离子，其寿命是极短的，非常难以测量。

（2）谱线移动是一个二阶效应，对原子核附近自由电子的分布情况是非常敏感的，很难用一个简单的公式来描述。

（3）对于高密度等离子体，谱线不仅发生了移动，还发生了展宽。随着等离子体密度的增加，谱线移动量和展宽幅度均不断增加。当等离子体的密度较高时，谱线移动量是比较大的，但展宽幅度更大，以至于谱线移动量在整个谱线宽度中占比很小而观测不到。

### 1.1.3 谱线展宽

等离子体中的离子处在其周围带电粒子所产生的库仑势场、电场和磁场中，同时还受到周围带电粒子的频繁碰撞，从而引起离子的辐射或吸收光谱发生变形和展宽。下面分别对不同因素引起的谱线展宽予以简单介绍。

**自然展宽**：一个原子系统中激发态的能级并不是严格的一个单一值，而是由于能级寿命有限，形成一个如图 1.2 所示的能量分布区间。由基态到激发态或者在激发态间跃迁，对应的谱线自然会有一定的宽度，并不是严格意义上的一条线[7]。例如，氢原子 $Ly_\alpha$ 谱线的相对自然展宽是 $4\times10^{-8}$，这完全是可以忽略的。但对于等电子系列，$Ly_\alpha$ 谱线的相对自然展宽是按照 $Z^2$ 增加的。例如，Fe XXVI $Ly_\alpha$ 谱线的相对自然展宽达到 $3\times10^{-5}$，但其相对多普勒展宽还是非常小的，因为要达到如此高的高离化态，只有等离子体的温度非常高才能实现。

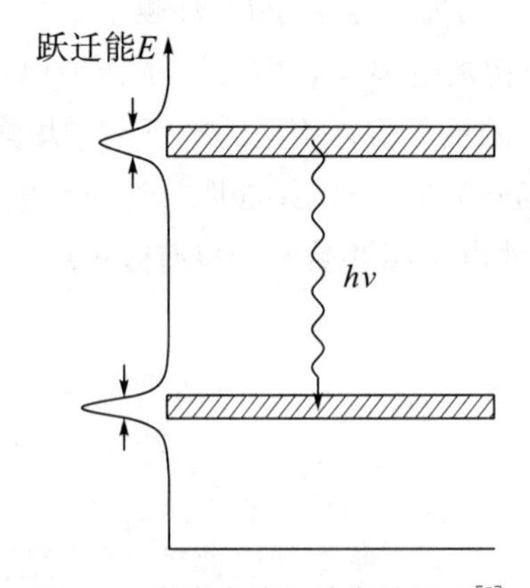


**图 1.2　激发态能级的自然展宽**[7]

**多普勒展宽**：多普勒展宽又称为高斯展宽，其形成的根本原因是离子的无规则热运动。每个无规则热运动的离子都可以看作光源，如果其运动方向背离观测者，则观测者所观测到的频率比静止时低；如果其运动方向面向观测者，则观测者所观测到的频率比静止时高。因为不同离子的运动速率不同，所以探测器接收到的是许多频率略有不同的光，从而引起谱线的加宽和变形。一般情况下，背向和面向观测者运动的离子数基本上是相等的，因而谱线轮廓的左、右两边是对称的，中心频率无位移，但中心频率处的强度会降低[8]。

**洛伦兹展宽**：在等离子体中，由于进行光子吸收或发射的离子在运动过程中与其他离子碰撞而导致的谱线变宽称为洛伦兹展宽[9]。它与多普勒效应一起对谱线的轮廓造成主要影响，使得谱线形状、宽度及位置均发生变化[10]。等离子体的密度越大，碰撞引起的展宽就越严重。

**佛克脱展宽**：多普勒展宽和洛伦兹展宽实际上是从不同方面对离子吸收和发射谱线展宽进行的描述，多普勒展宽是从光源和观测者之间的多普勒效应来描述的，而洛伦兹展宽是从离子自身的跃迁和碰撞所导致的展宽来描述的，这两个描述均与实际光谱线型有一定差别。最接近实际光谱线型的是多普勒线型和洛伦兹线型的卷积——佛克脱线型[10]。一般情况下，在光谱线的吸收或辐射中心位置，佛克脱线型在多普勒线型和洛伦兹线型之间，但是半高宽度比洛伦兹线型的大，而比多普勒线型的小，这一点从图 1.3 可以看出。由于佛克脱频移函数是一个积分形式，没有解析式，所以研究起来比较困难，实际中经常采用各种近似方法来求解[11-12]。

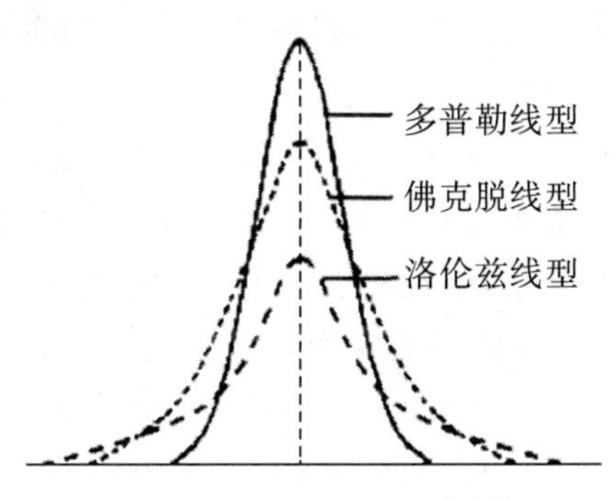


**图 1.3　三种线型的比较**[12]

**自吸展宽**：在等离子体中，不仅有光子发射过程，还有光子吸收过程。因为等离子体占据一定的空间，而且温度分布和离子密度分布都不可能非常均匀，所以发射过程和吸收过程也不平衡。一般来说，正对激光光源中心处的高温区域的离子处于激发态，其所发射的某一波长的谱线会被处在边缘的低温区域的同一元素的离子吸收，这种吸收现象称为谱线的自吸[13]。共振线是离子由激发态跃迁至基态而发射的谱线，而在低温区域处于基态的离子最多，因而共振线的自吸最显著。谱线自吸的存在可使实际观测到的谱线轮廓和强度发生变化，这种变化随着自吸程度的不同而不同，如图 1.4 所示。自吸程度通常与等离子体的温度分布和离子密度分布有关。当离子密度较低时，谱线的自吸很小，谱线轮廓的中心仍有一个明显的峰值，如图 1.4 中的第 1 条线；当离子密度较高时，谱线产生自吸，谱线轮廓的中心没有明显的峰值，如图 1.4 中的第 2 条线；当离子密度更高时，谱线产生严重的自吸，称为自蚀，这时谱线轮廓的中心产生一个明显的极小值，如图 1.4 中的第 3 条线；当离子密度非常高时，谱线产生非常严重的自蚀，谱线轮廓中心的极小值可以接近背景值，于是一根谱线在外观上像两根单独的谱线，如图 1.4 中的第 4 条线。

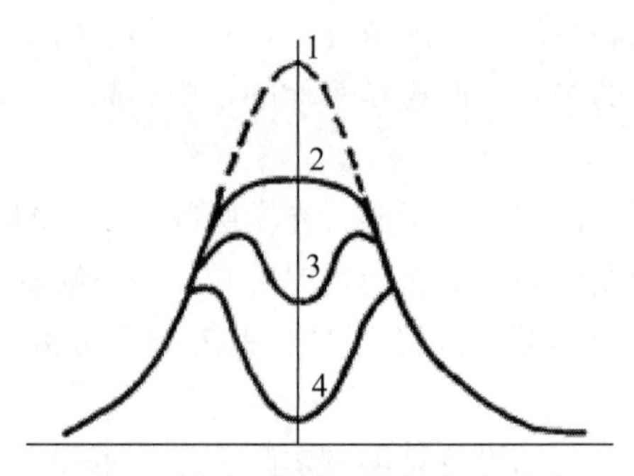


**图 1.4　自吸对谱线轮廓的影响**[13]

**斯塔克展宽**：1913 年，斯塔克第一次观测到氢原子的谱线在静电场中发生了加宽现象，从此，将处在外电场中的原子，其能级发生分裂，即谱线出现加宽的现象称为斯塔克展宽。外电场引起一级斯塔克效应，谱线频移与外电场强度成正比。内斯塔克效应是由等离子体中辐射离子周围带电的离子和电子的微电场引起的，又称为二级斯塔克效应。内斯塔克效应引起的谱线频移与电场强度的平方成正比。离子和电子引起的斯塔克展宽的机理是不相同的。离子的运动速度较慢，建立“准恒强”的微电场，使谱线轮廓呈多普勒线型；电子的运动速度较快，引起碰撞展宽，使谱线轮廓呈洛伦兹线型；谱线总轮廓取决于两种效应的总和[14]。

**塞曼展宽**：1896 年，荷兰物理学家塞曼发现，把产生光谱的光源置于足够强的磁场中，磁场作用于发光体使光谱发生变化，一条谱线即会分裂成几条偏振化的谱线，这种现象称为塞曼效应[15]。根据磁场强度的不同，以及观测者相对磁场的方向，塞曼效应可以分为正常塞曼效应、反常塞曼效应和帕邢-巴克伊（Pashen-Back）效应。正常塞曼效应和帕邢-巴克伊效应都会引起谱线三分裂，而反常塞曼效应则可能引起谱线多分裂[16]。在等离子体中，各种带电离子处于高速运动中，故磁场相对比较强，塞曼效应会使谱线加宽。

## 1.2　等离子体中的原子过程

等离子体的主要成分是电子、离子和光子，它们通过电磁场发生相互作用，可以将能量从一个离子转移至另一个离子。等离子体物理中研究者最感兴趣的相互作用是离子与电子或者光子与光子的相互作用，这将导致电离态的变化或者发生激发。表 1.1 列出了等离子体中主要的原子过程。

表 1.1 等离子体中主要的原子过程

| 反应路径 | 正过程 | 逆过程 |
|---|---|---|
| $A_{m}^{+\zeta} \Leftrightarrow A_{m}^{+\zeta} + \hbar\omega$ | 自发衰减 | 共振光吸收 |
| $A_{m}^{+\zeta} \Leftrightarrow A_{m'}^{+\zeta+1} + e^{-}$ | 自电离 | 双电子复合 |
| $A_{m}^{+\zeta} + \hbar\omega \Leftrightarrow A_{m'}^{+\zeta+1} + e^{-}$ | 光电离 | 辐射复合 |
| $A_{m}^{+\zeta} + e^{-} \Leftrightarrow A_{m'}^{+\zeta+1} + e^{-} + e^{-}$ | 电子碰撞电离 | 三体复合 |
| $A_{m}^{+\zeta} + e^{-} \Leftrightarrow A_{m'}^{+\zeta} + e^{-}$ | 电子碰撞激发 | 电子碰撞退激发 |
| $A_{m}^{+\zeta} + e^{-} \Leftrightarrow A_{m}^{+\zeta} + \hbar\omega$ | 轫致辐射 | 逆轫致辐射 |

文献已对这些主要的原子过程做了非常详细的描述[2,17]，这里仅做简要介绍。

**自发衰减和共振光吸收**：自发衰减是处于高激发态的离子衰减到基态或者低激发态，并释放一个光子，该光子的能量等于初末态的能量差值。共振光吸收是离子吸收了一个光子，一个电子从基态或者低激发态跃迁至高激发态，所吸收的光子能量等于跃迁电子的跃迁能，即跃迁电子初末态的能量差值。共振光吸收是自发衰减的逆过程。

**自电离和双电子复合**：自电离的初态是一个双激发态，两个电子处在激发壳层。这样的双激发态通常由双电子复合过程来产生，也可以由两个电子连续两次激发来产生，甚至通过单电子的双激发来产生。在自电离过程中，一个激发电子衰减至较低的能态，通常为基态，另一个电子获取了该电子的能量而被激发至连续态。很显然，只有初态的两个激发电子的能量和大于离子的电离能时，自电离才能够发生。双电子复合是一个自由电子被离子俘获，且该离子处于激发态，而释放的能量一般情况下被处于基态的束缚电子吸收，从而导致该束缚电子跃迁至高激发态，因而形成了双激发态。双电子复合是自电离的逆过程。

**光电离和辐射复合**：光电离是束缚电子吸收一个光子后跃迁至连续态，即使得离子发生了电离的过程。辐射复合是一个自由电子被俘获成为束缚电子，并释放一个光子，该光子携带了冗余能量的过程。辐射复合是光电离的逆过程。

**电子碰撞电离和三体复合**：电子碰撞电离是一个自由电子与一个离子发生碰撞，使得一个束缚电子跃迁至连续态的过程。三体复合又称为电子碰撞复合，在此过程中，两个自由电子同时进入一个离子所占据的空间内，其中一个自由电子被俘获成为束缚电子，另一个自由电子带走多余的能量。三体复合是电子碰撞电离的逆过程。

**电子碰撞激发和电子碰撞退激发**：电子碰撞激发是当运动的自由电子距离离子非常近时，静电排斥作用使得离子中的束缚电子由较低能级跃迁至较高能级的过程，跃迁能来自自由电子所损失的能量。电子碰撞退激发是电子碰撞激发的逆过程，在此过程中，当自由电子运动到离子附近时，引起束缚电子由较高能级跃迁至较低能级，自由电子带走束缚电子跃迁所释放的能量。

**轫致辐射和逆轫致辐射**：轫致辐射是当一个自由电子运动到离子附近时，被离子的库仑场加速，从而释放出一个光子的过程。逆轫致辐射是轫致辐射的逆过程，在此过程中，当自由电子运动到离子附近时，从离子周围的辐射场中吸收一个光子。

在等离子体中，除上述原子过程外，还有其他原子过程，如双激发和双电离等多体相互作用的原子过程。这些复杂的物理过程在某些特殊条件下可能比较重要。

## 1.3 稠密等离子体中高离化态离子结构和性质的研究现状

所有恒星和巨行星内部的物质均呈稠密等离子体状态[18-20]。实验室中可以用高能量激光光源产生稠密等离子体，如美国国家点火装置（NIF）[21]和最近发展起来的LCLS[22]（美国）、SACLA[23]（日本）、ORION[24]（英国）和European-XFEL[25]（位于德国）等X射线自由电子激光装置均可以产生稠密等离子体。国际热核聚变实验堆（ITER，位于法国）、中国科学院等离子体物理研究所的全超导托卡马克核聚变实验装置（EAST）和中国工程物理研究院激光聚变研究中心的神光Ⅲ装置等高能量激光装置也可以产生不同密度和温度的等离子体。

在等离子体中，离子处在自由电子和带电离子所产生的势场中，不能再当作孤立的自由离子来处理，因为等离子体环境使得离子的诸多特性和原子过程均发生了不同程度的改变，如谱线移动、谱线展宽、谱线合并、能级交叉、电离势降低和光电离截面变化等。通过对这些特性的测量或者计算可以确定等离子体的密度、温度和电离度等状态参量，为等离子体物理、温稠密物质、冲击实验、天体物理、高能量密度物理以及核聚变能源等方面的研究提供科学指导和技术服务[26-34]。

2000年以前，由于激光光源的局限性，实验中所产生的等离子体极不稳定，以至于实验结果很不可靠，如在Nantel[35]、Saemann[36]和Woolsey[37]等分别关于稠密等离子体碳、铝和氯的实验研究中，虽然较好地显示了稠密等离子体环境对原子光谱的影响，但是光源功率低及脉冲宽度较宽等因素导致等离子体没有达到局域热力学平衡，使得等离子体的密度和温度变化剧烈，以致实验测量变得异常复杂而失去了准确性。近几年来，由于X射线自由电子激光装置的发展，能够产生寿命较长且密度和温度均匀的稠密等离子体，等离子体实验取得了长足的发展。例如，用X射线自由电子激光能产生高于固体铝密度一个数量级的稠密等离子体，观测电离势降低（IPD）效应对离子光谱的影响随自由电子密度的变化情况[38-45]。Ciricosta等[39-40]分别于2012年和2016年在实验中观测到高离化态铝的IPD值与广泛使用的SP（Stewart and Pyatt）模型的预测值[46]误差较大，而与EK（Ecker and Kroll）模型的预测值[47]符合得比较好。2013年，Hoarty等[43]用ORION激光装置产生稠密铝等离子体，该等离子体相对较稳定，IPD值的实验结果较为准确，且与SP模型的预测值符合得比较好，但与EK模型的预测值误差较大。然而不幸的是，2016年Kraus等的实验结果[45]既不能用SP模型描述，也不能用EK模型描述。鉴于此，迫切需要更多的等离子体实验来确认现有的等离子体实验结果的可靠性，同时还需要进一步发展现有的理论模型，为等离子体中原子结构和原子过程的精确计算奠定基础。

Iglesias等[48-49]认为，IPD理论模型与LCLS实验结果[39-40]不一致有两个原因：一是实验中的离子密度存在一定的涨落，但IPD理论模型中未考虑涨落；二是实验中并不是通过特定电荷态离子来测量IPD值，而测量的是给定K层和L层占据数的离子产生一个K层空穴所需的能量阈值，该阈值与离子所带电量无关。Calisti等[50]用经典分子动力学模型研究了平衡态和非平衡态铝等离子体的IPD效应，他们的模拟结果表明IPD值不仅与离子的平均带电量有关，还与离子间的相对位置有关。Preston等[51]对LCLS实验结果[39]进行了质疑，分别用SP模型和改进的EK模型详细地模拟了稠密等离子体中类氢和类氦铝离子的光谱，结果表明SP模型更合理。Son等[18]用two-step Hartree-Fock-Slater模型很准确地模拟出关于铝离子IPD值的ORION实验结果[43]，并证实SP模型比EK模型更准确。Crowley[52]在理论上重新研究了电离势降低问题，建立了热电离势降低（TIPD）模型，结果表明TIPD模型预测的IPD值比SP模型更接近于ORION实验结果[43]。

目前，国际上主要采用均匀电子气离子球模型（UEGISM）来描述稠密等离子体对原子结构的屏蔽效应[53-57]。当等离子体密度相对较低时，用该模型计算的结果与实验结果符合得比较好；但当等离子体密度相对较高时，用该模型计算的结果与实验结果的误差较大。这是因为在实际稠密等离子体中，高离化态离子强的库仑吸引力使得自由电子的空间分布发生极化，即距离原子核较近处的自由电子密度较高，而距离原子核较远处的自由电子密度较低。也就是说，自由电子实际上不可能是均匀分布的，应该遵循玻尔兹曼分布（Boltzmann distribution）或者费米-狄拉克分布（Fermi-Dirac distribution）。当等离子体密度较低时，玻尔兹曼分布较合理；当等离子体密度较高时，电子简并效应非常明显，同时必须考虑泡利不相容原理（Pauli exclusion principle），此时玻尔兹曼分布不再适用，须采用费米-狄拉克分布。

Bhattacharyya等[53]采用UEGISM研究了类氦碳、铝、氩离子基态和单激发态能级随自由电子密度的变化规律，并提出了计算存在空间约束时双电子积分的新方法。Sil等[54]分别用非相对论方法和相对论方法结合UEGISM研究了稠密等离子体对类氦离子原子结构的影响，结果表明相对论方法计算的结果与实验结果[37]符合得更好。Salzmann等[56]研究了$Al^{12+}$离子的原子结构和跃迁概率随自由电子密度的变化机制。Belkhiri等[58]分别用FAC和CATS程序结合UEGISM计算了在自由电子密度为$1.0\times10^{23}\ cm^{-3}$时类氦铝离子$1s^2-1snp$（$n=2\sim5$）的跃迁能的移动量。李向东等[59-60]用自洽场离子球模型（SCFISM）[61]研究了稠密等离子体环境对类氦离子（$Z=7\sim12$）1s3l（l=s, p, d）能级精细结构和类氦铝离子30个束缚态的能级精细结构的影响。De和Ray[62]研究了振荡量子等离子体的屏蔽效应对氢原子和类氢氩离子$Ly_\alpha$和$Ly_\beta$谱线的精细分裂的影响。Das等[63]用耦合簇方法研究了稠密等离子体中$Ar^{16+}$离子的电离势和跃迁能，结果表明相对论方法计算的跃迁能与实验结果符合得非常好。Chen等[64]采用基于相对论扭曲波方法的FAC程序研究了等离子体中类氦离子的电子碰撞激发，并与多组态狄拉克-福克（MCDF）方法的计算结果进行了比较。Singh等[65]报道了稠密等离子体中各种高电荷态离子$He_\beta$谱线和双电子禁戒线的FAC和MCDF的计算结果。Salzmann和Bely-Dubau等[66-67]详细论述了双激发态类氦伴线对于等离子体诊断的重要性。Saha等[68]利用含时变分微扰方法研究了类氦离子的双激发态。Belkhiri和Fontes[69]估算了

自由电子密度在 $10^{21} \sim 10^{24}$ $cm^{-3}$范围内类氦铝离子双激发态的自电离速率。

等离子体中类锂离子许多有意义的研究结果已被报道。德拜等离子体中类锂 $C^{3+}$、$N^{4+}$和 $O^{5+}$离子 $1s^2 2s$ - $1s^2 2p$ 跃迁的振子强度以及 $1s^2 2s$ - $1s^2 3d$ 的跃迁概率随屏蔽强度的增大而分别增大和减小[70]。基于碰撞辐射平衡的稳态 k 壳模型程序，于新明等[71]发现类锂离子的伴线强度比随等离子体密度的变化较明显，而对温度的变化不敏感。随着屏蔽强度的增大，类锂 $C^{3+}$ 和 $Al^{10+}$ 离子的 $\Delta n=0$（$n$ 是主量子数，$\Delta n=0$指的是跃迁的初末原子态的主量子数相同）的跃迁谱线发生蓝移，而 $\Delta n \neq 0$ 的跃迁谱线发生红移[72]。上面提到的这些原子性质在强、弱耦合等离子体中都是普遍存在的[70-72]。然而，Das 等[73]发现对于德拜等离子体中的锂原子，类锂 $Ca^{17+}$、$Ti^{19+}$ 离子，当考虑了等离子体对电子间相互作用的屏蔽时，$\Delta n=0$ 的跃迁在较大屏蔽长度时发生蓝移，而在较小屏蔽长度时发生红移。据我们所知，$\Delta n=0$ 跃迁的红移、蓝移随屏蔽强度的增大而发生转变的现象，只有在德拜等离子体中有少量的报道，在稠密等离子体中还未见相关的报道。

# 第 2 章　等离子体屏蔽势模型

等离子体中的离子处在大量带电粒子所产生的势场中，这使得等离子体中的原子结构和原子过程与自由离子相比具有许多独特性，因此，只有尽可能精确地描述离子周围的势场，才能够在理论上准确地模拟等离子体中的原子结构和原子过程。然而，要完全分析清楚等离子体中某个离子与其他粒子间的相互作用，原则上必须求解 $10^{23}$ 个未知波函数对应的 $10^{23}$ 个薛定谔方程，这显然超出了目前计算机的处理能力，因此，需要各种近似的势模型来描述等离子体对原子结构和动力学过程的影响。用等离子体耦合强度，即离子耦合强度 $\Gamma$ 来描述等离子体中离子间相互作用的强弱，其定义式如下[74]：

$$\Gamma = \frac{\bar{z}^2}{R_\mathrm{i} T} \tag{2.1}$$

式中，$\bar{z}$ 为离子平均带电量；$R_\mathrm{i}$ 为平均每个离子所占据球形体积的半径；$T$ 为温度。由(2.1)式可以看出：离子耦合强度 $\Gamma$ 等于离子间的平均库仑势能（库仑势能正比于 $\bar{z}^2/R_\mathrm{i}$）与平均动能（动能正比于温度 $T$）的比值（这里库仑势能和动能的单位是原子单位，即 a. u.）。不同类型等离子体对应的耦合强度如图 2.1 所示。

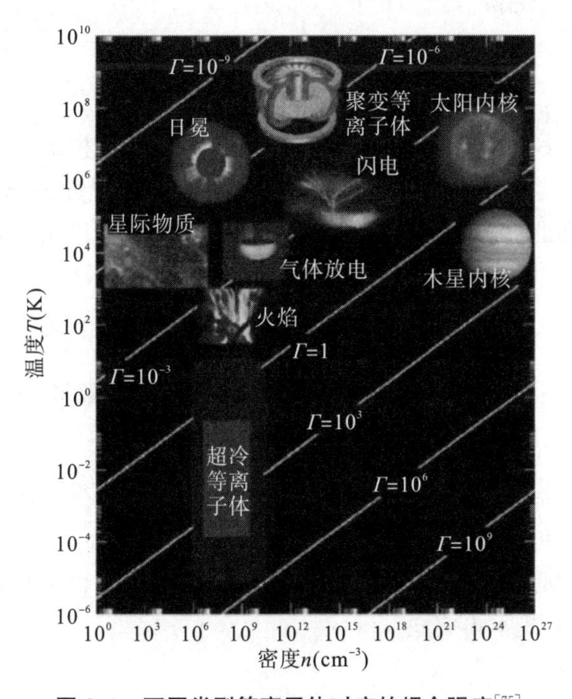


**图 2.1　不同类型等离子体对应的耦合强度**[75]

$\Gamma<1$ 对应的是弱耦合等离子体，$\Gamma \geqslant 1$ 对应的是强耦合等离子体。根据等离子体中离子间相互作用的强弱，须用不同的势模型来描述。文献已对不同的势模型做了非常详细的介绍[2,76-77]，下面仅做简要介绍。

## 2.1 德拜模型

在弱耦合等离子体中，假定一离子处在原点（$r=0$），其周围的静电势适用于德拜模型描述，表达式为

$$V(r) = \frac{ze}{r}e^{-r/D} \tag{2.2}$$

式中，$z$ 为离子带电量；$e$ 为电子带电量；$r$ 为到原点的距离；$D$ 为德拜半径，其表达式为

$$D = \sqrt{\frac{T}{4\pi e^2 n_i\left(\overline{z^2}+\bar{z}\right)}} \tag{2.3}$$

式中，$n_i$ 为平均离子密度；$T$ 为电子温度；

$$\bar{z} = \frac{\sum zN_z}{n_i}, \quad \overline{z^2} = \frac{\sum z^2 N_z}{n_i}$$

式中，$N_z$ 为单位体积内带电量为 $z$ 的离子密度。

德拜模型成立的条件是

$$\frac{eV(r)}{T} \ll 1 \tag{2.4}$$

由（2.2）式可以看出：原子核的电势呈指数衰减。以中心离子为球心，以德拜半径为半径的球体称为德拜球。中心离子仅仅对处在德拜球里面的离子有影响；反过来，只有处在德拜球里面的离子对中心离子有影响。处在德拜球里面的离子数为

$$M = \frac{4\pi}{3}n_i D^3 = \left(\frac{D}{R_0}\right)^3 \tag{2.5}$$

式中，$R_0$ 为离子球半径，$R_0=\left(\frac{3}{4\pi n_i}\right)^{1/3}$；$D$ 为德拜半径，随离子密度的增加而减小。

关于德拜模型的几点说明如下：

（1）当离子密度足够高时，德拜半径可能小于离子球半径，此时德拜模型是不成立的，因为德拜球里面包含的平均离子数小于 1。

（2）当离子与中心离子间的距离满足下式时，德拜模型也是不成立的，因为德拜模型成立的条件（2.4）式不再成立：

$$r \leqslant \frac{Ze^2}{T} \tag{2.6}$$

（3）德拜模型适用于低密度高温等离子体。因为在这种情况下，离子间的距离比较大，中心离子与其他离子间的相互作用是比较小的。此时，中心离子的内部电子结构不影响离子与离子和离子与电子的相互作用，中心离子可以当作类点电荷处理。

## 2.2　托马斯-费米模型

托马斯-费米模型适用于高温强耦合等离子体。核电荷数为 $Z$ 的离子处在坐标原点，$Z$ 个电子（包括束缚电子和自由电子）被约束在离子球里面。离子球整体呈电中性状态。在离子球的边界及其外面，总的电势（离子和电子的电势之和）为零。该模型认为，离子间的关联效应使得离子球里面只有一个离子；在离子球外面，连续电子背景恰好中和了各个正离子的空间分布。在离子球里面，总的电势等于中心原子核的电势与电子电势之和：

$$V(r)=V_{\mathrm{N}}(r)+V_{\mathrm{e}}(r) \tag{2.7}$$

式中，原子核的电势的表达式为

$$V_{\mathrm{N}}(r)=\frac{Ze}{r} \tag{2.8}$$

电子电势的表达式为

$$V_{\mathrm{e}}(r)=-4\pi e\left(\frac{1}{r}\int_0^r n_{\mathrm{e}}(r')r'^2\mathrm{d}r'+\int_r^{R_0}n_{\mathrm{e}}(r')r'\mathrm{d}r'\right) \tag{2.9}$$

式中，$e$ 为电子带电量；$n_{\mathrm{e}}$ 为电子密度；$r$ 为到原子核的距离；$r'$ 为积分变量；$R_0$ 为离子球半径。

由（2.9）式可知：电子电势是由电子密度的球对称积分得到的。下面介绍如何确定电子的密度分布。对于强耦合等离子体，泡利不相容原理和电子简并效应是很重要的，因此，电子的分布需采用费米-狄拉克统计。费米-狄拉克电子的动量分布为

$$f_{\mathrm{e}}(r,p)\mathrm{d}p=\frac{1}{\pi^2\hbar^3}\frac{p^2\mathrm{d}p}{1+\mathrm{e}^{(p^2/2m-eV(r)-\mu)/T}} \tag{2.10}$$

式中，$r$ 为到原子核的距离；$p$ 为动量；$\hbar$ 为约化普朗克常数；$m$ 为电子质量；$e$ 为电子带电量；$V(r)$ 为 $r$ 处的电势；$\mu$ 为化学势；$T$ 为电子温度。对（2.10）式积分可以求得局域电子密度：

$$\begin{aligned}n_{\mathrm{e}}(r,\mu)&=\int\mathrm{d}p f_{\mathrm{e}}(r,p)=\frac{(2mT)^{2/3}}{2p^2\hbar^3}\int_0^\infty\frac{x^{1/2}\mathrm{d}x}{1+\mathrm{e}^{x-y}}\\&=\frac{1}{2\pi^2}\left[\frac{2mc^2T}{(c\hbar)^2}\right]^{2/3}F_{1/2}\left(\frac{\mu+eV(r)}{T}\right)\end{aligned} \tag{2.11}$$

式中，$r$ 为到原子核的距离；$\mu$ 为化学势；$p$ 为动量；$\hbar$ 为约化普朗克常数；$m$ 为电子质量；$e$ 为电子带电量；$V(r)$ 为 $r$ 处的电势；$c$ 为光速；$T$ 为电子温度。$x=p^2/2mT$；$y=$

$\frac{\mu + eV(r)}{T}$；$F_j(y) = \int_0^{\infty} \frac{x^{1/2}\mathrm{d}x}{1+\mathrm{e}^{x-y}}$ 为费米-狄拉克积分。费米能可以由电中性条件得到：

$$z = \int_0^{R_0} n_{\mathrm{e}}(r,\mu)\mathrm{d}^3 r \tag{2.12}$$

式中，$z$ 为离子带电量；$n_{\mathrm{e}}(r,\mu)$ 为局域电子密度。

托马斯-费米模型不区分束缚电子和自由电子，整个求解过程是通过迭代实现的。关于托马斯-费米模型的几点说明如下：

（1）当 $\mu \to \infty$时，费米-狄拉克分布转变为麦克斯韦-玻尔兹曼分布，托马斯-费米模型转变为德拜模型。

（2）托马斯-费米模型与德拜模型总电势的边界条件不同，托马斯-费米模型在离子球的边界及其外面总的电势为零，而德拜模型没有这个限制。

（3）托马斯-费米模型通过自洽迭代的方法处理电子所产生的电势，泡利不相容原理通过费米-狄拉克统计来考虑。

（4）托马斯-费米模型将核电荷数为 $Z$ 的离子和 $Z$ 个电子（包括束缚电子和自由电子）约束在一个球体里面来考虑等离子体屏蔽效应，假定没有其他离子贯穿于这个球体里面。

（5）托马斯-费米模型假定等离子体仅仅包含一种离子，代表离子类型的平均，也就是目前常说的平均原子模型，离子上的电荷分布以及各种激发态电荷的分布必须通过其他方法求解。

（6）托马斯-费米模型没有考虑原子壳层结构和能量量子化等其他量子力学信息，故该模型不能反映稠密等离子体中的原子结构信息。

## 2.3 离子球模型

离子球模型与托马斯-费米模型的基本假定是相似的，但区分了束缚电子和自由电子，能够用于计算稠密等离子体中的原子结构和原子过程。该模型假定原子核、束缚电子和自由电子所产生的电势之和为

$$V_{\mathrm{tot}}(r) = \begin{cases} V_{\mathrm{N}}(r) + V_{\mathrm{b}}(r) + V_{\mathrm{f}}(r) & (r < R_0) \\ 0 & (r \geqslant R_0) \end{cases} \tag{2.13}$$

式中，$r$ 为到原子核的距离；$R_0$ 为离子球半径。

自由电子所产生的电势满足泊松方程：

$$\nabla^2 V_{\mathrm{f}}(r) = -4\pi e n_{\mathrm{f}}(r) \tag{2.14}$$

式中，$r$ 为到原子核的距离；$e$ 为电子带电量；$n_{\mathrm{f}}(r)$ 为自由电子密度。

束缚电子所产生的电势满足泊松方程：

$$\nabla^2 V_{\mathrm{b}}(r) = -4\pi e n_{\mathrm{b}}(r) \tag{2.15}$$

式中，$r$ 为到原子核的距离；$e$ 为电子带电量；$n_b(r)$ 为束缚电子密度。

当等离子体密度较低时，自由电子的密度分布可以用玻尔兹曼分布来描述：

$$n_f(r) = n_f \exp\left(\frac{eV(r)}{T}\right) \tag{2.16}$$

式中，$r$ 为到原子核的距离；$n_f$ 为等离子体中自由电子的平均密度；$e$ 为电子带电量；$V(r)$ 为 $r$ 处的电势。

当等离子体密度较高时，电子简并效应变得较为明显，同时必须考虑泡利不相容原理，此时自由电子密度 $n_f(r)$ 需用（2.11）式非相对论形式的费米-狄拉克分布函数或者下式相对论形式的费米-狄拉克分布函数来描述：

$$n_f(r) = \frac{1}{\pi^2}\int_{k_0(r)}^{\infty} \frac{k^2 \mathrm{d}k}{\mathrm{e}^{(\sqrt{k^2c^2+c^4}-c^2-V_{tot}(r)-\mu)/T}+1} \tag{2.17}$$

式中，$k$ 为广义动量；$c$ 为光速；$T$ 为电子温度；$k_0(r) = (2V_{tot}(r)c^2 - V_{tot}^2(r))^{1/2}/c$；$V_{tot}(r)$ 为总电势；$\mu$ 为化学势，由下式的电中性条件确定：

$$Z_f = \int_0^{R_0} n_f(r,\mu)\mathrm{d}^3 r \tag{2.18}$$

式中，$Z_f$为离子球内的自由电子数，其计算式为

$$Z_f = Z - N_b$$

式中，$Z$ 为离子球中心正离子的核电荷数；$N_b$为束缚电子数。结合（2.9）式和（2.17）式可以求得自由电子所产生的电势为

$$V_f(r) = -4\pi e\left(\frac{1}{r}\int_0^r n_f(r')r'^2 \mathrm{d}r' + \int_r^{R_0} n_f(r')r'\mathrm{d}r'\right) \tag{2.19}$$

束缚电子密度必须通过束缚电子波函数来求解。在非相对论框架下，求解下面的薛定谔方程可得到束缚电子径向波函数：

$$\left[-\frac{\hbar^2}{2m}\frac{1}{r^2}\frac{\partial}{\partial r}\left(r^2\frac{\partial}{\partial r}\right) - V_{IS}(r) + \frac{l(l+1)}{r^2}\right]P_{nl}(r) = \varepsilon_{nl}P_{nl}(r) \tag{2.20}$$

式中，$r$ 为到原子核的距离；$m$ 为电子质量；$V_{IS}(r)$ 为束缚电子感受到的有效核势；$n$ 和 $l$ 分别为主量子数和轨道量子数；$P_{nl}(r)$ 表示径向波函数。

在相对论框架下，求解下面的狄拉克方程可得到束缚电子径向波函数的大、小分量 $P_{nk}(r)$ 和 $Q_{nk}(r)$ [78-79]：

$$\begin{aligned}
&\left(\frac{\mathrm{d}}{\mathrm{d}r} + \frac{k}{r}\right)P_{nk}(r) - \frac{1}{c}(2c^2 - \varepsilon_{nk} + V_{IS}(r))Q_{nk}(r) = -X^P(r)\\
&\left(\frac{\mathrm{d}}{\mathrm{d}r} - \frac{k}{r}\right)Q_{nk}(r) + \frac{1}{c}(-\varepsilon_{nk} + V_{IS}(r))P_{nk}(r) = X^Q(r)
\end{aligned} \tag{2.21}$$

式中，$P_{nk}(r)$ 和 $Q_{nk}(r)$ 分别为径向波函数的大、小分量，$n$ 为主量子数，$k$ 为相对论角

量子数；$c$ 为光速；$\varepsilon_{nk}$ 为轨道能；$X^{P}(r)$ 和 $X^{Q}(r)$ 为交换积分；$V_{\mathrm{IS}}(r)$ 为束缚电子感受到的有效核势，其值等于原子核所产生的电势与自由电子所产生的电势之和：

$$V_{\mathrm{IS}}(r) = Z/r + V_{\mathrm{f}}(r) \tag{2.22}$$

束缚电子密度可由径向波函数求得：

$$n_{\mathrm{b}}(r) = \sum_{i=1}^{M} q_i \frac{P_i^2(r) + Q_i^2(r)}{4\pi r^2} \tag{2.23}$$

式中，$q_i$ 为轨道占据数；$P_i(r)$ 和 $Q_i(r)$ 分别为径向波函数的大、小分量。(2.23）式在非相对论情况下无径向波函数小分量 $Q_i(r)$。将束缚电子密度表达式（2.23）代入（2.9）式，可得到与自由电子电势类似的束缚电子电势的表达式：

$$V_{\mathrm{b}}(r) = -4\pi e\left(\frac{1}{r}\int_0^r n_{\mathrm{b}}(r')r'^2\mathrm{d}r' + \int_0^{R_0} n_{\mathrm{b}}(r')r'\mathrm{d}r'\right) \tag{2.24}$$

至此，已分别求得原子核、束缚电子和自由电子所产生的电势，相应的也得到了总的电势，将其代入（2.17）式，重新求解自由电子密度、自由电子电势，从而可得到新的有效核势，再次求解新的束缚电子波函数、新的束缚电子密度，反复迭代，直至束缚电子波函数收敛为止。很显然，自由电子的空间分布与束缚电子的空间分布（波函数）有关，二者通过迭代实现自洽，故我们称此离子球模型为自洽场离子球模型（SCFISM)。

当电子温度非常高时，自由电子的空间分布将变得非常均匀，即（2.17）式中的自由电子密度分布函数将变为一常数：

$$n_{\mathrm{f}} = \frac{3(Z - N_{\mathrm{b}})}{4\pi R_0^3} \tag{2.25}$$

式中，$Z$ 为核电荷数；$N_{\mathrm{b}}$ 为束缚电子数。此时束缚电子所感受到的有效核势不再需要通过自洽迭代求解，而是变为如下简单的均匀电子气离子球模型（UEGISM）形式：

$$V^{\mathrm{UEGISM}}(r) = \frac{Z}{r} - \frac{Z - N_{\mathrm{b}}}{2R_0}\left[3 - \left(\frac{r}{R_0}\right)^2\right] \tag{2.26}$$

关于离子球模型的几点说明如下：

（1）当 $\mu \to \infty$ 时，自由电子密度的费米-狄拉克分布转变为麦克斯韦-玻尔兹曼分布，离子球模型转变为德拜模型。

（2）自洽场离子球模型通过自洽迭代的方法处理束缚电子和自由电子共同产生的电势，电子简并效应和泡利不相容原理通过费米-狄拉克统计来考虑。

（3）自由电子分布采用费米-狄拉克统计，考虑了自由电子分布在原子核附近的极化可能性。

（4）离子球模型假定等离子体中仅包含一种电荷态的离子，代表的是不同电荷态离子的平均。

（5）对于特强耦合等离子体，离子间的关联效应很强，需用准分子模型或者离子关联模型来描述。

## 2.4　准分子模型

在离子球模型中，假定离子球中仅包含核电荷数为 $Z$ 的原子核，$Z$ 个电子（包括束缚电子和自由电子），不存在其他离子或者电子贯穿于离子球中。在实际等离子体中，用该模型能够成功计算一些等离子体中的原子结构。但是对于高激发态离子，其束缚电子轨道非常接近于离子球的球面，此时球面附近的势场将是由邻近的几个离子和电子共同产生的，故球对称的电势不再有效，离子球模型也需修正。对中心离子束缚态影响最明显的是最近邻离子，考虑最近邻离子的影响后，离子球模型扩展为准分子模型，其基本物理图像如图 2.2 所示。

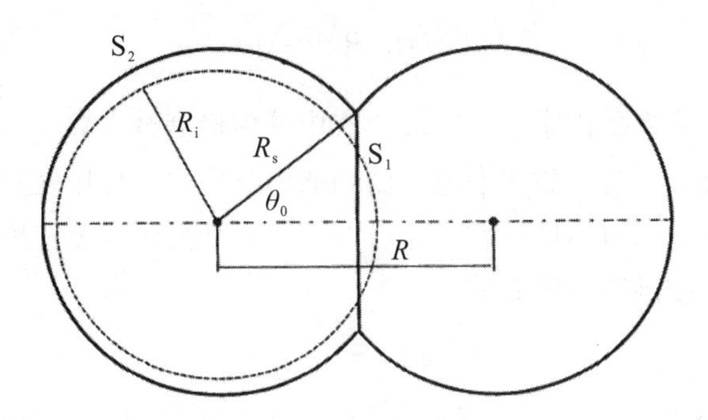


**图 2.2　准分子模型的物理图像**[80]

上图中，$S_1$ 是相邻离子间的分界面，$S_2$ 是球缺的外表面，$R$ 是两离子中心间的距离，$R_i$ 是原来单个离子球的半径，$R_s$ 是球缺半径，$\theta_0$ 是重叠角度。两个球缺的体积相等，且等于原离子球的体积 $\tau$，即

$$\tau = \frac{1}{n_i} = \frac{4\pi}{3}R_i^3 \tag{2.27}$$

式中，$n_i$ 为离子密度。球缺半径 $R_s$ 由下面的球缺体积公式确定：

$$\tau = \pi\left(\frac{2}{3}R_s^3 + \frac{1}{2}R_s^2 R - \frac{1}{24}R^3\right) \tag{2.28}$$

由上式可以看出：球缺半径 $R_s$ 与相邻离子间的距离 $R$ 有关。

准分子模型的势函数不再球对称，变为轴对称形式，可以表示为如下的多极展开式：

$$V(\boldsymbol{r};\boldsymbol{R}) = V_0(r) + \sum_{k=0}^{\infty} v_k(r;R)P_k(\cos\theta) \tag{2.29}$$

式中，$V_0(r)$ 为离子球模型下的球对称势；$P_k(\cos\theta)$ 为勒让德多项式；$v_k(r;R)$ 为待确定的多极展开系数。总的电势 $V(\boldsymbol{r};\boldsymbol{R})$ 必须满足以下三个边界条件：

（1）在原子核附近时，$V(\boldsymbol{r};\boldsymbol{R})$ 的渐进形式为库仑势：

$$\lim_{r\to\infty} rV(\boldsymbol{r};\boldsymbol{R}) = Ze \tag{2.30}$$

式中，$Z$ 为核电荷数；$e$ 为电子带电量；$r$ 为到原子核的距离。

（2）离子间分界面 $S_1$ 上电场的法向分量，即电势的法向导数应该为零，数学表达式为

$$\left.\frac{\partial V(\boldsymbol{r};\boldsymbol{R})}{\partial n}\right|_{S_1} = \left.\frac{\partial V(\boldsymbol{r};\boldsymbol{R})}{\partial z}\right|_{z=R/2} = 0 \tag{2.31}$$

式中，$z$ 为沿着对称轴的坐标。

（3）整个分子呈电中性状态，外表面上的电势为零，相应的数学表达式为

$$\begin{cases} \iint_{S_2} \dfrac{\partial V}{\partial n}\mathrm{d}s = 0 \\ V(\boldsymbol{R}_s;\boldsymbol{R}) = 0 \end{cases} \tag{2.32}$$

用上述三个电势边界条件求解（2.29）式中的多极展开系数 $v_k(r;R)$。当离子间距离较近而形成瞬时准分子时，激发态电子波函数将从原离子球中隧穿出来而进入邻近离子球中，从而使得电子的轨道能量发生相应的变化。准分子模型能够反映离子间距离的变化对激发态能量、波函数等的影响。

## 2.5 离子关联模型

上面介绍的准分子模型仅仅考虑了第一近邻离子对中心离子势场的影响，且势场不再球对称。这里介绍的离子关联模型考虑了多个离子对中心离子势场的影响，但势场仍然保持球对称。在稠密等离子体中，核电荷数为 $Z$ 的原子核周围分布着束缚电子、自由电子和正离子，这些粒子所产生的总电势为[81]

$$V(r) = V_N(r) + V_b(r) + V_f(r) + V_+(r) \tag{2.33}$$

式中，$V_N(r)=Z/r$；$V_N(r)$、$V_b(r)$、$V_f(r)$和 $V_+(r)$分别表示原子核、束缚电子、自由电子和正离子所产生的电势。首先通过求解狄拉克方程得到束缚电子波函数，其次用波函数的平方乘以轨道占据数就可以确定束缚电子密度的空间分布，最后求解关于束缚电子电势的泊松方程即可得到束缚电子所产生电势的空间分布；采用费米-狄拉克分布函数描述自由电子的空间分布，也是通过求解泊松方程来得到自由电子所产生电势的空间分布；正离子密度的空间分布表示为如下形式：

$$\rho_+(r) = \rho_0 g(r) \tag{2.34}$$

式中，$\rho_0$ 为距离核无穷远处的正电荷密度（在无穷远处，正离子对应的正电荷密度和自由电子对应的负电荷密度相等）；$g(r)$ 为离子-离子对分布函数，满足如下的超网链方程[82]：

$$\ln g(r)+\beta V(r)=\rho_0\int\{[g(r-r')-1]\times[g(r')-1-\ln g(r')-\beta V(r')]\}\mathrm{d}^3r' \tag{2.35}$$

式中，$r$ 为到原子核的距离；$\beta$ 为离子与离子间的关联系数；$V(r)$ 为 $r$ 处的电势。通过对（2.35）式自洽迭代求解出 $g(r)$，从而求解出正电荷密度 $\rho_+(r)$，最后求解泊松方程即可求得正离子所产生的电势 $V_+(r)$。正、负电荷密度分布满足如下的电中性条件：

$$\int_0^{\infty}(\rho_-(r)-\rho_+(r))\mathrm{d}^3r=Z \tag{2.36}$$

应该按照如下思路设计离子关联模型程序：

（1）首先用托马斯-费米模型估算出束缚电子波函数的初值，从而可以计算出束缚电子密度分布和束缚电子所产生的电势；用均匀电子气离子球模型给出自由电子所产生的电势；用玻尔兹曼分布函数给出正离子密度的空间分布。

（2）保持束缚电子密度的空间分布不变，迭代求解超网链方程，确定出离子-离子对分布函数 $g(r)$，从而可确定出正离子密度的空间分布及其所产生的电势。

（3）结合束缚电子和正离子的电势，用自由电子的费米-狄拉克分布结合电中性条件确定出自由电子的电势。

（4）将第（2）、（3）步中求解出的电势代入（2.33）式得到总的电势，然后将总的电势代入对耦合狄拉克方程［见（2.21）式］，重新求解束缚电子波函数，计算束缚电子的密度分布及其所产生的电势。重复步骤（2）、（3）、（4），直至束缚电子波函数、自由电子密度分布函数和离子密度分布函数等收敛为止。

# 第3章　多组态狄拉克-福克方法

本书对稠密等离子体中高离化态离子的结构和性质进行了系统的研究。首先，用多组态狄拉克-福克（MCDF）方法计算自由态离子的结构，用于验证所选取组态序列的合理性；其次，用MCDF方法结合离子球模型研究稠密等离子体中高离化态离子的结构。离子球模型已在第2章中做了介绍，不赘述。本章仅介绍MCDF方法。

文献中非常详细地介绍了MCDF方法[83-86]，这里仅做简要介绍。本章中，如无特别说明，所选用的单位均为原子单位（a. u.），与通常的原子结构理论相一致。在原子单位中，

$$e = h/2\pi = m_e = 1, \quad \alpha = 1/c$$

式中，$e$ 为质子带电量；$h$ 为普朗克常数；$m_e$ 为电子静止质量；$\alpha$ 为精细结构常数；$c$ 为光速，$c = 137.03599$。

## 3.1　相对论轨道

一个相对论轨道或称狄拉克轨道 $|nkm\rangle$ 是角动量算符 $\hat{j}^2$（$\hat{j} = \hat{l} + \hat{s}$）和 $\hat{j}_z$ 以及相对论宇称算符 $\hat{p}$［$\hat{p} = \boldsymbol{\beta}\hat{\pi}$，$\hat{\pi}$ 是通常的宇称算符，矩阵 $\boldsymbol{\beta}$ 的定义见（3.14）式］的本征函数，即

$$\begin{aligned} &\hat{p}\,|nkm\rangle = (-1)^l\,|nkm\rangle, \\ &\hat{j}^2\,|nkm\rangle = j(j+1)\,|nkm\rangle, \\ &\hat{j}_z\,|nkm\rangle = m\,|nkm\rangle, \\ &(m = -j, -j+1, \cdots, j-1, j) \end{aligned} \tag{3.1}$$

式中，$n$ 为主量子数；$k$ 为相对论角量子数；$m$ 为磁量子数；$l$ 为轨道量子数；$j$ 为总量子数。对于 $l = j \pm \frac{1}{2}$，$k = \pm\left(j + \frac{1}{2}\right)$，所以 $j = |k| - \frac{1}{2}$。

每组轨道（电子占据数 $\leqslant 2j+1$）拥有相同的量子数（$nk$）但不同的磁量子数，被认为有相同的径向形式。用文献［69］中的约定，径向波函数可以表示为如下的形式：

$$\langle \boldsymbol{r} \mid nkm \rangle = \frac{1}{r}\begin{bmatrix} P_{nk}(r)\chi_{nk}(\boldsymbol{r}/r) \\ iQ_{nk}(r)\chi_{-nk}(\boldsymbol{r}/r) \end{bmatrix} \tag{3.2}$$

式中，$P_{nk}(r)$ 和 $Q_{nk}(r)$ 分别为径向波函数的大、小分量；$\chi_{nk}(\boldsymbol{r}/r)$ 为自旋球谐函数，其表达式为

$$\chi_{nk}(\boldsymbol{r}/r) = \sum_{\sigma=\pm 1/2} \left\langle lm-\sigma \frac{1}{2}\sigma \middle| l \frac{1}{2} jm \right\rangle Y_l^{m-\sigma}(\boldsymbol{r}/r)\phi^{\sigma} \tag{3.3}$$

式中，$\left\langle lm-\sigma \frac{1}{2}\sigma \middle| l \frac{1}{2} jm \right\rangle$ 为克莱布希-高登系数；$Y_l^{m-\sigma}(\boldsymbol{r}/r)$ 为球谐函数；$\phi^{\sigma}$ 为自旋基函数。

各种角动量算符及宇称算符作用于 $\chi_{nk}(\boldsymbol{r}/r)$ 的表达式如下：

$$\begin{aligned} \hat{j}^2\chi_{nk}(\boldsymbol{r}/r) &= j(j+1)\chi_{nk}(\boldsymbol{r}/r), \\ \hat{j}_z\chi_{nk}(\boldsymbol{r}/r) &= m\chi_{nk}(\boldsymbol{r}/r), \\ \hat{l}^2\chi_{nk}(\boldsymbol{r}/r) &= l(l+1)\chi_{nk}(\boldsymbol{r}/r), \\ \hat{s}^2\chi_{nk}(\boldsymbol{r}/r) &= \frac{3}{4}\chi_{nk}(\boldsymbol{r}/r), \\ \hat{\pi}\chi_{nk}(\boldsymbol{r}/r) &= (-1)^l\chi_{nk}(\boldsymbol{r}/r) \end{aligned} \tag{3.4}$$

当选择的所有轨道为一正交基时，角动量的代数运算变得非常简单，即

$$\langle n_a k_a m_a \mid n_b k_b m_b \rangle = N_{ab}\delta_{k_a k_b}\delta_{m_a m_b} \tag{3.5}$$

因此，要求 $N_{ab}$ 满足

$$\begin{aligned} N_{ab} &= \begin{cases} 0 & (a \neq b, k_a = k_b) \\ 1 & (a = b) \end{cases} \\ N_{ab} &= \int_0^{\infty} \mathrm{d}r \Big( P_{n_a k_a}(r) P_{n_b k_b}(r) + Q_{n_a k_a}(r) Q_{n_b k_b}(r) \Big) \end{aligned} \tag{3.6}$$

事实上，允许轨道间存在一定量的非正交性通常是比较有用的[87-88]。

## 3.2　组态波函数

$N$-电子体系的组态波函数 $\mid \gamma PJM \rangle$ 可以由单电子波函数［见（3.2）式］构成的 $N$ 阶斯莱特行列式的线性组合得到。所建立的组态波函数（CSFs）必须是宇称算符 $\hat{P}$、总角动量算符 $\hat{J}^2$ 和 $\hat{J}_z$ 的共同归一化（$\langle \gamma PJM \mid \gamma PJM \rangle = 1$）本征函数，即满足如下关系式：

$$
\begin{aligned}
&\hat{P} \mid \gamma PJM\rangle = P \mid \gamma PJM\rangle, \\
&\hat{J}^2 \mid \gamma PJM\rangle = J(J+1) \mid \gamma PJM\rangle, \\
&\hat{J}_z \mid \gamma PJM\rangle = M \mid \gamma PJM\rangle \\
&(M = -J, -J+1, \cdots, J-1, J)
\end{aligned}
\tag{3.7}
$$

式中，$\gamma$ 表示轨道占据数、耦合方式、高位数等表征特定 CSFs 的所有信息。CSFs 的标准耦合表象定义如下：首先，通过指定的轨道占据数（$q(a) \leqslant 2j_a + 1$）把电子分配至各个次壳层，每个次壳层 $a$ 中的电子用 $jj$ 耦合方式给出高位数 $v_a$、角动量 $J_a$ 和 $M_a$。次壳层 $a$ 表征为如下形式：

$$
\mid (j_a)^{q(a)} v_a J_a M_a \rangle \tag{3.8}
$$

对于给定的 $j^q$ 次壳层所允许的量子数 $v$ 和 $J$ 值列在文献［84］的表 1 中。其次，次壳层的角动量 $J_1$ 和 $J_2$ 耦合产生一个中间角动量 $X_1$，$X_1$ 紧接着与 $J_3$ 耦合产生 $X_2$，以此类推，直至所有次壳层耦合完产生总角动量 $J$：

$$
(\cdots((J_1 J_2) X_1 J_3) X_2 \cdots) J \tag{3.9}
$$

通过重新分配各次壳层上的电子占据数和调整耦合顺序，用上述类似的方法建立所有的 CSFs，且这些 CSFs 互相正交。

## 3.3 原子态波函数

原子态波函数（ASFs）是由具有相同宇称 $P$、总角动量 $J$ 和磁量子数 $M$ 的 CSFs 线性组合而成：

$$
\mid \Gamma PJM\rangle = \sum_{r=1}^{n_c} c_{r\Gamma} \mid \gamma_r PJM\rangle \tag{3.10}
$$

式中，$c_{r\Gamma}$ 为组态混合系数；$n_c$ 为组态总个数。原子态波函数 $\mid \Gamma PJM\rangle$ 是以所建立的 CSFs 为基组的线性表示，所得到的 ASFs 也必须是正交化的，所以有

$$
(c_{\Gamma_i})^{\dagger} c_{\Gamma_j} = \delta_{ij} \tag{3.11}
$$

式中，$\dagger$ 表示厄米共轭；$c_{\Gamma_i}$ 和 $c_{\Gamma_j}$ 为组态混合系数。

## 3.4 狄拉克-库仑哈密顿量

$N$-电子原子或者离子中的主要相互作用包含在狄拉克-库仑哈密顿量（Dirac-Coulomb Hamiltonian）中：

$$H^{\mathrm{DC}} = \sum_{i=1}^{N} H_i + \sum_{i=1}^{N-1} \sum_{j=i+1}^{N} \frac{1}{r_{ij}} \tag{3.12}$$

式中，$r_{ij} = |\boldsymbol{r}_i - \boldsymbol{r}_j|$；$H_i$ 为单体项，是单电子的动能及其与原子核相互作用的势能之和，其表达式如下：

$$H_i = c\boldsymbol{\alpha}_i \cdot \boldsymbol{p}_i + (\boldsymbol{\beta} - \boldsymbol{I})c^2 + V_{\mathrm{N}}(r_i) \tag{3.13}$$

式中，$c$ 为光速；$\boldsymbol{p}_i$ 为电子动量；$\boldsymbol{I}$ 为 $n_c \times n_c$ 阶单位矩阵；当忽略原子核的体积时（3.7 节将讨论原子核的体积效应），原子核的电势 $V_{\mathrm{N}}(r_i)$ 采取库仑形式 $-Z/r$（$Z$ 表示原子的核电荷数）；$\boldsymbol{\alpha}_i$ 和 $\boldsymbol{\beta}$ 为狄拉克矩阵，其表达式分别为

$$\boldsymbol{\alpha}_i = \begin{pmatrix} 0 & \boldsymbol{\sigma}_i \\ \boldsymbol{\sigma}_i & 0 \end{pmatrix} \quad (i = 1,2,3), \qquad \boldsymbol{\beta} = \begin{pmatrix} 1 & 0 \\ 0 & -1 \end{pmatrix} \tag{3.14}$$

式中，$\boldsymbol{\sigma}_i$ 为泡利矩阵。电子间的两体瞬时库仑相互作用项组成了（3.12）式等号右边的第二项。关于（3.12）式和（3.13）式的高阶修正将在 3.8 节和 3.9 节进行讨论。

以 CSFs 为基函数的哈密顿量矩阵元在所有的原子结构计算中起着关键作用。应用（3.10）式的展开式，原子态 $\Gamma$ 的能量可以近似表示为

$$E_{\Gamma}^{\mathrm{DC}} = \langle \Gamma PJM \mid H^{\mathrm{DC}} \mid \Gamma PJM \rangle = \left(\boldsymbol{c}_{\Gamma}^{\mathrm{DC}}\right)^{\dagger} \boldsymbol{H}^{\mathrm{DC}} \boldsymbol{c}_{\Gamma}^{\mathrm{DC}} \tag{3.15}$$

哈密顿量矩阵 $\boldsymbol{H}^{\mathrm{DC}}$ 的矩阵元表达式为

$$H_{rs}^{\mathrm{DC}} = \langle \gamma_r PJM \mid H^{\mathrm{DC}} \mid \gamma_s PJM \rangle \tag{3.16}$$

当组态混合系数变化时，$E_{\Gamma}^{\mathrm{DC}}$ 必须保持不变，从而组态混合系数由下式求解：

$$\left(\boldsymbol{H}^{\mathrm{DC}} - E_{\Gamma}^{\mathrm{DC}} \boldsymbol{I}\right) \boldsymbol{c}_{\Gamma}^{\mathrm{DC}} = 0 \tag{3.17}$$

## 3.5　哈密顿量矩阵元

（3.16）式中的哈密顿量矩阵元可以表示为角系数和径向积分的形式。

单体相互作用产生 $I(ab)$ 径向积分：

$$\begin{aligned} I(ab) = \delta_{k_a k_b} \int_0^{\infty} \mathrm{d}r \{ & c[Q_{n_a k_a}(r) P'_{n_a k_a}(r) - P_{n_a k_a}(r) Q'_{n_b k_b}(r)] - 2c^2 Q_{n_a k_a}(r) Q_{n_b k_b}(r) \\ & + \frac{c k_b}{r} [P_{n_a k_a}(r) Q_{n_b k_b}(r) + P_{n_b k_b}(r) Q_{n_a k_a}(r)] \\ & + V_{\mathrm{N}}(r) [P_{n_a k_a}(r) P_{n_b k_b}(r) + Q_{n_a k_a}(r) Q_{n_b k_b}(r)] \} \end{aligned} \tag{3.18}$$

式中，$f' \equiv \dfrac{\mathrm{d}f}{\mathrm{d}r}$。

两体相互作用产生相对论斯莱特积分：

$$R^k(abcd) = \int_0^\infty \mathrm{d}r\left[(P_{n_a k_a}(r)P_{n_c k_c}(r) + Q_{n_a k_a}(r)Q_{n_c k_c}(r))\frac{1}{r}Y^k(bd;r)\right] \tag{3.19}$$

上式中的相对论哈特里-$Y$ 函数由下式定义：

$$Y^k(ab;r) = r\int_0^\infty \mathrm{d}s\,\frac{r_<^k}{r_>^{k+1}}\Big(P_{n_a k_a}(s)P_{n_c k_c}(s) + Q_{n_a k_a}(s)Q_{n_c k_c}(s)\Big) \tag{3.20}$$

式中，$r_>$ 为 $r$ 和 $s$ 中的较大者；$r_<$ 为 $r$ 和 $s$ 中的较小者。

哈密顿量矩阵主对角线元素的计算式如下：

$$H_{rr}^{\mathrm{DC}} = \sum_{a=1}^{n_\omega}\left[q_r(a)I(aa) + \sum_{b\geqslant a}^{n_\omega}\sum_{k=0,2,\cdots}^{k_0} f_r^k(ab)F^k(ab) + \sum_{b>a}^{n_\omega}\sum_{k=k_1,k_1+2,\cdots}^{k_2} g_r^k(ab)G^k(ab)\right] \tag{3.21}$$

式中，$F^k(ab)$ 和 $G^k(ab)$ 为（3.19）式斯莱特积分的特殊情形：

$$F^k(ab) = R^k(abab),\quad G^k(ab) = R^k(abba) \tag{3.22}$$

$q_r(a)$ 为第 $r$ 个组态波函数中轨道 $a$ 的电子占据数；$k_0$，$k_1$ 和 $k_2$ 的取值范围如下：

$$\begin{aligned} k_0 &= (2j_a - 1)\delta_{ab} \\ k_1 &= \begin{cases} |j_a - j_b| & (k_a k_b > 0) \\ |j_a - j_b| + 1 & (k_a k_b < 0) \end{cases} \\ k_2 &= \begin{cases} j_a + j_b & (j_a + j_b - \kappa_1\ \text{是偶数}) \\ j_a + j_b - 1 & (\text{其余情况}) \end{cases} \end{aligned} \tag{3.23}$$

角系数 $f_r^k(ab)$ 和 $g_r^k(ab)$ 的表达式为

$$f_r^0(ab) = \frac{1}{2}q_r(a)(q_r(a) - 1),\quad g_r^0(ab) = q_r(a)q_r(b) \tag{3.24}$$

当 $k>0$，且 $q_r(a) = 2j_a + 1$，$q_r(b) = 2j_b + 1$ 时，有

$$f_r^k(ab) = -\frac{1}{2}\left[q_r(a)C(a,k,b)\right]^2\delta_{ab},\quad g_r^k(ab) = -q_r(a)q_r(b)C^2(a,k,b) \tag{3.25}$$

式中，

$$C(a,k,b) = \begin{pmatrix} j_a & k & j_b \\ \frac{1}{2} & 0 & -\frac{1}{2} \end{pmatrix}$$

当 $k > 0$，且 $q_r(a) < 2j_a + 1$，$q_r(b) < 2j_b + 1$ 时，有

$$f_r^k(ab) = V_{rr}^k(abab),\quad g_r^k(ab) = V_{rr}^k(abba) \tag{3.26}$$

哈密顿量矩阵非主对角线元素的计算式如下：

$$H_{rs}^{\mathrm{DC}}=\sum_{abcd}\sum_{k}V_{rs}^{k}(abcd)R^{k}(abcd)+\sum_{ab}T_{rs}(ab)I(ab) \tag{3.27}$$

式中，$V_{rs}^{k}(abcd)$ 和 $T_{rs}(ab)$ 为组态混合系数。

## 3.6　径向波函数的求解

通过求解下面的径向狄拉克方程可以得到次壳层 $a$ 上径向波函数的大、小分量 $P_{n_a k_a}(r)$ 和 $Q_{n_a k_a}(r)$：

$$\begin{aligned}&\left(\frac{\mathrm{d}}{\mathrm{d}r}+\frac{k_a}{r}\right)P_{n_a k_a}(r)-\left(2c-\frac{\varepsilon_a}{c}+\frac{Y_a(r)}{cr}\right)Q_{n_a k_a}(r)=-\frac{\chi_a^P(r)}{r},\\&\left(\frac{\mathrm{d}}{\mathrm{d}r}-\frac{k_a}{r}\right)Q_{n_a k_a}(r)+\left(-\frac{\varepsilon_a}{c}+\frac{Y_a(r)}{cr}\right)P_{n_a k_a}(r)=\frac{\chi_a^Q(r)}{r}\end{aligned} \tag{3.28}$$

式中，$\varepsilon_a$ 为次壳层 $a$ 上的轨道能量。当 $\varepsilon_a<0$ 时，电子处于束缚态，对应的径向波函数满足的边界条件为

$$\begin{aligned}&P_{n_a k_a}(r=0)=0,\quad Q_{n_a k_a}(r=0)=0,\\&P_{n_a k_a}(r\to\infty)=0,\quad Q_{n_a k_a}(r\to\infty)=0\end{aligned} \tag{3.29}$$

所求解的径向波函数必须满足类似于（3.5）式的正交化条件。势函数 $Y_a(r)$ 决定着 $\chi_a^P$ 和 $\chi_a^Q$，从而使得径向波函数的大、小分量在原点附近的渐进形式与势函数 $Y_a(r)$ 密切相关。当 $Y_a(r)=Y_{k_a}(r)$，即当角量子数相同的轨道由相同的势产生时，(3.28) 式的径向方程和边界条件（3.29）式定义了一个针对径向波函数 $P_{n_a k_a}(r)$、$Q_{n_a k_a}(r)$ 和轨道能量 $\varepsilon_a(a=1,2,\cdots,n_w)$ 的本征值问题，且此时 $\chi_a^P(r)\equiv 0$ 和 $\chi_a^Q(r)\equiv 0$。下面考虑三个简单但很重要的情形：

（1）库仑中心势场 $Y_{k_a}(r)=Z$，此时可以得到波函数的解析解形式[89]：

$$\begin{aligned}&\begin{matrix}P_{nk}\\Q_{nk}\end{matrix}(r)=\mp\left[1\pm\left(1-\frac{\varepsilon}{c^2}\right)\right]^{1/2}\xi\left(\frac{\rho}{N}\right)^{\gamma}\mathrm{e}^{-\rho/2N}\times[\mp n_r F(-n_r+1,2\gamma+1;\rho/N)\\&\qquad+(N-k)F(-n_r,2\gamma+1;\rho/N)],\\&c^2-\varepsilon=c^2\frac{n_r+\gamma}{N}=c^2\left(1-\frac{\alpha^2Z^2}{N^2}\right)^{1/2},\\&N=[(n_r+\gamma)^2+\alpha^2Z^2]^{1/2},\quad n_r=n-|k|,\\&\gamma=(k^2-\alpha^2Z^2)^{1/2},\quad \xi=\left\{\frac{Z}{2N^2(N-k)}\frac{\Gamma(2\gamma+n_r+1)}{[\Gamma(2\gamma+1)]^2 n_r!}\right\}^{1/2},\quad \rho=2Zr\end{aligned} \tag{3.30}$$

上式中第一个方程的双重符号中上面的符号运用于 $P_{nk}(r)$，下面的符号运用于 $Q_{nk}(r)$。当用 $Z^{\mathrm{eff}}=Z-\sigma$ 代替实际原子序数 $Z$，且不同次壳层用不同的屏蔽系数 $\sigma$ 时，(3.5)

式一般情况下不再适用于所求解的屏蔽库仑函数。在这种情况下，应先做如下的减法运算：

$$\begin{pmatrix} P_{n_a k_a}(r) \\ Q_{n_a k_a}(r) \end{pmatrix} \rightarrow \begin{pmatrix} P_{n_a k_a}(r) \\ Q_{n_a k_a}(r) \end{pmatrix} - \sum_{b<a} \delta_{k_a k_b} N(ab) \begin{pmatrix} P_{n_a k_a}(r) \\ Q_{n_a k_a}(r) \end{pmatrix} \tag{3.31}$$

然后对波函数归一化，最后执行格拉姆-施密特正交化过程才能得到一组正交化的基函数。

（2）在许多情况下，波函数是基于下面的非相对论托马斯-费米模型求解的：

$$\begin{aligned} & Y_{k_a}(r) \rightarrow Y^{\mathrm{TF}}(r) = Z_\infty - [rV_{\mathrm{N}}(r) + Z_\infty] \cdot f^2(x) \\ & Z_\infty = Z + 1 - \sum_{a=1}^{n_w} q_{\mathrm{av}}(a), \\ & f(x) = \frac{0.60112x^2 + 1.81061x + 1}{0.04793x^5 + 0.21465x^4 + 0.77112x^3 + 1.39515x^2 + 1.81061x + 1} \\ & x = \left[\frac{(Z - Z_\infty)^{1/3} r}{0.8853}\right]^{1/2} \end{aligned} \tag{3.32}$$

式中，$q_{\mathrm{av}}(a)$ 为平均占据数，其定义如下：

$$q_{\mathrm{av}}(a) = \sum_{r=1}^{n_c} (2J_r + 1) \cdot q_r(a) \Big/ \sum_{r=1}^{n_c} (2J_r + 1) \tag{3.33}$$

托马斯-费米模型求解的径向波函数比屏蔽库仑势模型更准确，这是因为托马斯-费米模型考虑了核势场屏蔽的径向变化。

（3）基于密度泛函理论的计算较托马斯-费米模型更好，这是因为密度泛函理论考虑了交换和关联效应。在势函数 $Y_{k_a}(r)$ 中包括了一个球对称电子密度 $\rho(r)$ 的函数项：

$$Y_{k_a}(r) \rightarrow Y_{k_a}(r) - Y_{k_a}^{\mathrm{xc}}(\rho; r), \quad \rho(r) = \frac{1}{4\pi r^2} \sum_{a=1}^{n_w} q_{\mathrm{av}} (P_{n_a k_a}^2(r) + Q_{n_a k_a}^2(r)) \tag{3.34}$$

用斯莱特交换近似 $Y_{k_a}^{\mathrm{Slx}}(\rho; r)$ 函数表示 $Y_{k_a}^{\mathrm{xc}}(\rho; r)$，即

$$Y_{k_a}^{\mathrm{xc}}(\rho; r) = Y_{k_a}^{\mathrm{Slx}}(\rho; r) = \frac{3}{2} \left(\frac{3}{\pi} \rho(r)\right)^{1/3} \tag{3.35}$$

与情形（1）和（2）中对应的（3.30）式的形式不同，情形（3）中的 $Y_{k_a}(r)$ 依赖于径向波函数 $P_{n_b k_b}(r)$ 和 $Q_{n_b k_b}(r)$（$b = 1, 2, \cdots, n_w$），这使得（3.30）式呈非线性，必须通过如下的自洽场迭代过程求解：

步骤 1：通过一组估算的径向波函数 $P_{n_b k_b}^{\mathrm{est}}(r)$ 和 $Q_{n_b k_b}^{\mathrm{est}}(r)$（$b = 1, 2, \cdots, n_w$）求解势函数 $Y_{k_a}(r)$；

步骤 2：将步骤 1 中求解的势函数代入（3.28）式，求解出一组新的径向波函数

$P_{n_b k_b}^{\text{new}}(r)$ 和 $Q_{n_b k_b}^{\text{new}}(r)(b=1,2,\cdots,n_w)$；

步骤 3：用下式重新估算径向波函数：

$$\begin{pmatrix} P_{n_b k_b}^{\text{est}}(r) \\ Q_{n_b k_b}^{\text{est}}(r) \end{pmatrix} \rightarrow (1-\eta_b)\begin{pmatrix} P_{n_b k_b}^{\text{new}}(r) \\ Q_{n_b k_b}^{\text{new}}(r) \end{pmatrix} + \eta_b \begin{pmatrix} P_{n_b k_b}^{\text{est}}(r) \\ Q_{n_b k_b}^{\text{est}}(r) \end{pmatrix} \tag{3.36}$$

式中，$\eta_b$ 为衰减因子或者加速因子，$0 \leqslant \eta_b < 1$。如果新估算的径向波函数在允许的精度范围内与估算的波函数相同，则达到收敛标准；否则，重复步骤 1、2、3，直至计算结果收敛为止。

若角量子数相同的不同轨道是由不同的势产生的，则求解径向方程不再是一个本征值问题。通过引入如下的非齐次项，强行让（3.5）式成立：

$$\chi_a^{\binom{P}{Q}}(r) = \frac{r}{cq_{\text{av}}(a)} \sum_{b \neq a} \delta_{k_a k_b} \varepsilon_{ab} \begin{pmatrix} Q_{n_b k_b} \\ P_{n_b k_b} \end{pmatrix}(r) \tag{3.37}$$

式中，$\varepsilon_{ab}$ 为拉格朗日乘子（Lagrange multipliers），由以下两式中的任意一式，或者它们的差，或者它们的和确定：

$$\begin{aligned} \frac{\varepsilon_{ab}}{q_{\text{av}}(a)} &= \int_0^\infty \frac{\mathrm{d}r}{r}(Y_a(r)+rV_{\text{N}}(r))(P_{n_b k_b}(r)P_{n_a k_a}(r)+Q_{n_b k_b}(r)Q_{n_a k_a}(r)) - I(ab), \\ \frac{\varepsilon_{ab}}{q_{\text{av}}(b)} &= \int_0^\infty \frac{\mathrm{d}r}{r}(Y_b(r)+rV_{\text{N}}(r))(P_{n_b k_b}(r)P_{n_a k_a}(r)+Q_{n_b k_b}(r)Q_{n_a k_a}(r)) - I(ab) \end{aligned} \tag{3.38}$$

Koopmans 已证明：通常情况下，只有当一对轨道 $(a,b)$ 中的平均占据数满足 $q_{\text{av}}(a) < 2j_a+1$ 或者 $q_{\text{av}}(b) < 2j_b+1$ 时，才需要加入拉格朗日乘子使得（3.5）式成立[90]。另外，若在两个轨道中有一个轨道是固定的，则必须引入拉格朗日乘子；若两个轨道都是固定的，则假定它们已经正交，不需要引入拉格朗日乘子。

现在通过变分原理来求解一般情况下的（3.28）式（即包含非齐次项）：

$$W^{\text{DC}} = \sum_{r,s=1}^{n_c} d_{rs} H_{rs}^{\text{DC}} + \sum_{a=1}^{n_\omega} \bar{q}(a)\varepsilon_a N(aa) + \sum_{a=1}^{n_\omega - 1} \sum_{b=a+1}^{n_\omega} \delta_{k_a k_b} \varepsilon_{ab} N(ab) \tag{3.39}$$

式中，$d_{rs}$ 为广义权重，其计算式为

$$d_{rs} = \sum_{i=1}^{n_L} (2J_i+1) c_{r\Gamma_i} c_{s\Gamma_i} \Big/ \sum_{i=1}^{n_L} (2J_i+1) \tag{3.40}$$

（3.39）式也等价于如下简单的形式：

$$W^{\text{DC}} = \sum_{i=1}^{n_L} (2J_i+1) E_{\Gamma_i}^{\text{DC}} \Big/ \sum_{i=1}^{n_L} (2J_i+1) \tag{3.41}$$

上式是在有拉格朗日乘子 $\varepsilon_a$ 和 $\varepsilon_{ab}$ 使得（3.5）式成立的情况下，同时对所求解的原子态能量的加权平均。广义占据数 $\bar{q}(a)$ 由对角系数定义：

$$\bar{q}(a) = \sum_{r=1}^{n_c} d_{rr} q_r(a) \tag{3.42}$$

（3.28）式中的直接势函数 $Y_a(r)$ 的表达式如下：

$$Y_a(r) = -rV_N(r) - \sum_k \left( \sum_{b=1}^{n_w} y^k(ab) Y^k(aa;r) - \sum_{b,d} y^k(abad) Y^k(bd;r) \right) \tag{3.43}$$

式中，$y^k(ab) = \frac{1+\delta_{ab}}{\bar{q}(a)} \sum_{r=1}^{n_c} d_{rr} f_r^k(ab)$，$y^k(abad) = \frac{1}{\bar{q}(a)} \sum_{r,s} d_{rs} V_{rs}^k(abas)$。

（3.28）式中的非齐次项：

$$\chi_a^{\binom{P}{Q}}(r) = X_a^{\binom{P}{Q}}(r) + \frac{r}{c\bar{q}(a)} \sum_{b \neq a} \delta_{k_a k_b} \varepsilon_{ab} \begin{pmatrix} Q_{n_b k_b} \\ P_{n_b k_b} \end{pmatrix}(r) \tag{3.44}$$

式中，

$$X_a^{\binom{P}{Q}}(r) = \frac{1}{c} \sum_k \left[ \sum_{\substack{b \neq a \\ b \neq k}} \chi^k(ab) Y^k(ab;r) \begin{pmatrix} Q_{n_b k_b} \\ P_{n_b k_b} \end{pmatrix}(r) - \sum_{\substack{b,c,d \\ c \neq a}} \chi^k(abcd) Y^k(bd;r) \begin{pmatrix} Q_{n_c k_c} \\ P_{n_c k_c} \end{pmatrix}(r) \right]$$

式中，

$$\chi^k(ab) = \frac{1}{\bar{q}(a)} \sum_{r=1}^{n_c} d_{rr} g_r^k(ab), \quad \chi^k(abcd) = \frac{1}{\bar{q}(a)} \sum_{\substack{r,s \\ r<s}} d_{rs} V_{rs}^k(abcd)$$

（3.44）式等号右边的第二项类似于（3.37）式等号的右边，也是为了使（3.5）式成立而引入拉格朗日乘子导致的。拉格朗日乘子由以下两式之一，或者它们的差，或者它们的和确定：

$$\begin{aligned}
\frac{\varepsilon_{ab}}{\bar{q}(a)} &= c \int_0^\infty \frac{\mathrm{d}r}{r} \left( P_{n_b k_b}(r) \chi_a^Q(r) - Q_{n_b k_b}(r) \chi_a^P(r) \right) \\
&\quad + \int_0^\infty \frac{\mathrm{d}r}{r} (Y_a(r) + rV_N(r)) \left( P_{n_b k_b}(r) P_{n_a k_a}(r) + Q_{n_b k_b}(r) Q_{n_a k_a}(r) \right) - I(ab), \\
\frac{\varepsilon_{ab}}{\bar{q}(b)} &= c \int_0^\infty \frac{\mathrm{d}r}{r} (P_{n_a k_a}(r) \chi_b^Q(r) - Q_{n_a k_a}(r) \chi_b^P(r)) \\
&\quad + \int_0^\infty \frac{\mathrm{d}r}{r} (Y_b(r) + rV_N(r)) (P_{n_b k_b}(r) P_{n_a k_a}(r) + Q_{n_b k_b}(r) Q_{n_a k_a}(r)) - I(ab)
\end{aligned} \tag{3.45}$$

需要注意的是：（3.45）式表示的拉格朗日乘子与（3.38）式表示的拉格朗日乘子是不一样的。

当所要计算的原子态数目只有一个时，即在（3.41）式中，当 $n_L = 1$ 时，是优化能级（optimal level，OL）计算[91]；当 $n_L > 1$ 时，是扩展优化能级（extended optimal level，EOL）计算，能够自由选择 ASFs 个数 $n_L$ 是非常方便的。然而，我们应该知道，优化仅适用于所包括的 $n_L$ 个 ASFs，不能理所当然地认为其他 $(n_c - n_L)$ 个 ASFs 的径向轨道也与当前 $n_L$ 个 ASFs 的径向轨道是完全相同的。在上面所描述的 SCF 迭代过程的三步，再加上下面的三步（标记为 0、4、5），才能得到（3.17）式和（3.28）式的联立解：

步骤 0：通过估计的组态混合系数矢量 $\boldsymbol{c}_{\Gamma_i}^{\text{est}}(i = 1,2,\cdots,n_L)$ 计算系数 $d_{rs}$；

步骤 4：将新的哈密顿量（新的哈密顿量是由改进后的径向波函数求解的）代入（3.17）式求解新的组态混合系数矢量 $\boldsymbol{c}_{\Gamma_i}^{\text{new}}(i = 1,2,\cdots,n_L)$；

步骤 5：由下式重新估算组态混合系数矢量：

$$\boldsymbol{c}_{\Gamma_i}^{\text{est}} \to (1-\xi_i)\boldsymbol{c}_{\Gamma_i}^{\text{new}} + \xi_i \boldsymbol{c}_{\Gamma_i}^{\text{est}} \tag{3.46}$$

式中，$\xi_i$ 为加速因子或者衰减因子，$0 \leqslant \xi_i < 1$。如果改进后的组态混合系数矢量与原来估算的组态混合系数矢量在误差允许的范围内是相同的，则达到收敛标准；否则，重复步骤 0、4、5，直至收敛为止。

上面所介绍的 OL 和 EOL 的计算很难达到收敛，而且计算量大。更简单的平均能级（average level，AL）方法[75]避免了迭代求解系数 $d_{rs}$，将 $d_{rs}$ 的值设置为

$$d_{rs} = \begin{cases} (2J_r + 1) \Big/ \sum\limits_{t=1}^{n_c} (2J_t + 1) & (r = s) \\ 0 & (r \neq s) \end{cases} \tag{3.47}$$

利用上式时，用 $q_{\text{av}}(a)$ 替换 $\bar{q}(a)$ 即可。扩展平均能级（extended average level，EAL）与 AL 的不同之处在于将（3.47）式中的权重系数 $(2J_r + 1)$ 改为由用户自主选择，上面提到的步骤 0、4、5 也不再需要。选择 EAL 或者 AL 的目的是确定一组 CSFs 平均能量对应的最优径向轨道。

## 3.7　原子核的体积效应

处理原子核的体积效应的方法是将核电荷分布看成球对称分布 $\rho_{\text{N}}(r)$，用下式计算原子核产生的势：

$$-rV_{\text{N}}(r) = 4\pi\left(\int_0^r \rho(s)s^2 \text{d}s + \int_0^r \rho(s)s\,\text{d}s\right) \tag{3.48}$$

一个简单的球体模型是假定球内电荷均匀分布：

$$\rho_{\text{N}}(r) = \begin{cases} \rho_0 & (r \leqslant r_{\text{N}}) \\ 0 & (r > r_{\text{N}}) \end{cases} \tag{3.49}$$

该模型仅依赖于一个简单的参数核半径 $r_{\text{N}}$。在费米两参数模型中，核电荷分布为

$$\rho_{\mathrm{N}}(r)=\frac{\rho_0}{1+\mathrm{e}^{(r-c)/a}} \tag{3.50}$$

式中，$a=4t\ln 3$；$c$ 为半核半径，即当 $r=c$ 时，$\rho_{\mathrm{N}}(r)=0.5\rho_0$，表征了核半径的大小；$t$ 为皮层厚度，在 $0\sim t$ 区间范围内，$\rho_{\mathrm{N}}(r)$ 从 $0.9\rho_0$ 下降到 $0.1\rho_0$。

原子核的有限质量对能量的影响可分为两类：

(1) 因为电子独立运动引起的约化质量修正，即将电子的质量 $m_{\mathrm{e}}$（在原子单位中，$m_{\mathrm{e}}=1$）用约化质量 $\mu$ 替换，所以

$$E_\Gamma \to \frac{\mu}{m_{\mathrm{e}}}E_\Gamma,\quad \mu=\frac{m_{\mathrm{e}}m_{\mathrm{N}}}{m_{\mathrm{e}}+m_{\mathrm{N}}} \tag{3.51}$$

式中，$m_{\mathrm{N}}$ 为原子核的质量。

(2) 对没有考虑电子关联运动的修正（交换和质量极化修正）。

## 3.8 横向电磁相互作用

由于一个电子和另一个电子交换了一个横向光子，而对其库仑相互作用的最低阶修正表达式如下：

$$H^{\mathrm{Transv}}=-\sum_{i,j=1}^{3}\alpha_{1i}\alpha_{2j}\left(\delta_{ij}\frac{\cos(\omega R)}{R}+\frac{\partial^2}{\partial R_{1i}R_{2j}}\frac{\cos(\omega R)-1}{\omega^2 R}\right) \tag{3.52}$$

式中，$R=|\boldsymbol{r}_1-\boldsymbol{r}_2|$，$\omega=|\varepsilon_1-\varepsilon_2|/c$。在长波极限（$\omega\to 0$）时，(3.52) 式转化为我们所熟知的布赖特相互作用。在 MCDF 理论中，(3.52) 式写成如下的矩阵元：

$$H_{rs}^{\mathrm{Transv}}=\sum_{abcd}\sum_{k\tau}V_{rs}^{k\tau}(abcd)S^{k\tau}(abcd) \tag{3.53}$$

式中，$\tau$ 的取值为 1～6 的整数，对应了六类径向积分 $S^{k\tau}(abcd)$。这些积分可以表示为两类积分 $\bar{R}^k(abcd;\omega)$ 和 $\bar{S}^k(abcd;\omega)$ 的组合：

$$\bar{R}^k(abcd;\omega)=\int_0^\infty \mathrm{d}r\left(\rho_{bd}(r)\varphi_k(\omega r)\frac{1}{r}\bar{Y}^k(ac;\varphi_k;\omega;r)\right),$$

$$\bar{S}^k(abcd;\omega)=\sum_1^k\bar{Y}^k(abcd;\omega)-\sum_2^k\bar{Y}^k(abcd;\omega),$$

$$\sum_1^k\bar{R}^k(abcd;\omega)=\int_0^\infty \mathrm{d}r\left[\rho_{bd}(r)\left(\frac{2k+1}{\omega r}\right)^2\frac{1}{r}(\bar{Y}^{k-1}(ac;1;1;r)-\varphi_{k+1}(\omega r)\bar{Y}^{k-1}(ac;\phi_{k-1};\omega;r))\right],$$

$$\sum_2^k\bar{S}^k(abcd;\omega)=\int_0^\infty \mathrm{d}r\left[\rho_{ac}(r)\frac{\omega^2r^2}{(2k+3)(2k-1)}\varphi_{k-1}(\omega r)\bar{Y}^{k+1}(bd;\varphi_{k+1};\omega;r)\right],$$

$$\bar{Y}^k(ab;f;\omega;r)=\int_0^r \mathrm{d}s\left[\rho_{ab}(s)\left(\frac{s}{r}\right)^k f(\omega s)\right],$$

$$\rho_{ab}(r)=P_{n_ak_a}Q_{n_bk_b}(r),\quad \phi_k(z)=\frac{(2k+1)!!}{z^k}j_k(z),\quad \varphi_k(z)=-\frac{z^{k+1}}{(2k-1)!!}y_k(z) \tag{3.54}$$

式中，$j_k(z)$ 为第一类球谐贝塞尔函数；$y_k(z)$ 为第二类球谐贝塞尔函数。

## 3.9 辐射修正

电子在运动过程中，与其周围电磁场发生相互作用而引起的辐射效应称为量子电动力学（QED）效应。首先，QED效应对能量的修正来自电子同其周围量子化的电磁场相互作用的自能修正。类氢体系的自能表达式如下：

$$E_{nk}^{\mathrm{SE}}(Z/c)=\frac{Z^4}{\pi c^3 n^3}F_{nk}(Z/c) \tag{3.55}$$

文献［92］～［94］以列表的形式给出了一些单电子体系 1s、2s、$2p_{1/2}$、$2p_{3/2}$ 态的 $F_{nk}(Z/c)$ 的值。在GRASP程序中，按照如下设置粗略估算自能：

$$H_{rr}^{\mathrm{SE}}=\sum_{a=1}^{n_w}q_r(a)E_{n_a k_a}^{\mathrm{SE}}$$

$$E_{n_a k_a}^{\mathrm{SE}}=\frac{(Z_a^{\mathrm{eff}})^4}{\pi c^3 n^3}\begin{cases}F_{n_a k_a}(Z_a^{\mathrm{eff}}/c) & (\text{对于 } 1s,2s,2p_{1/2} \text{ 和} 2p_{3/2})\\ F_{2k_a}(Z_a^{\mathrm{eff}}/c) & (\text{对于 } ns,np_{1/2} \text{ 和} np_{3/2};n>2)\\ 0 & (\text{其他})\end{cases} \tag{3.56}$$

式中，$Z_a^{\mathrm{eff}}$ 为内层电子对核屏蔽后的有效核电荷数，且这些内层轨道近似为类氢轨道，随着 $n$ 的增大，(3.56) 式的近似越来越不合理。全面、严密地考虑内层电子对自能的屏蔽效应，在原子结构理论中仍然是一个较大的挑战。

其次，真空极化修正也是辐射修正的一个重要方面。最低阶情况是由于电子-正电子对对原子核势场的屏蔽而引起的短程修正。文献［95］给出了包括原子核的有限体积效应的二阶和四阶微扰势。在GRASP程序中，仅考虑这些势对哈密顿量矩阵主对角元的贡献：

$$H_{rr}^{\mathrm{VP}}=\sum_{a=1}^{n_w}q_r(a)\int_0^{\infty}\mathrm{d}rV^{\mathrm{VP}}(r)(P_{n_a k_a}^2(r)+Q_{n_a k_a}^2(r)) \tag{3.57}$$

## 3.10 跃迁概率和振子强度

$L$ 阶多极辐射场算符 $\hat{O}^{(L)}$ 引起从原子态 $\Gamma_i$ 到原子态 $\Gamma_j$ 的跃迁对应的线强度 $S$ 的定义式为

$$S=\left|\left\langle \Gamma_i P_i J_i \mid \left|\hat{O}^{(L)}\right| \mid \Gamma_j P_j J_j\right\rangle\right|^2 \tag{3.58}$$

上式中应用了 Brink 等关于约化矩阵元的定义[96]。对于本书中所计算的电偶极跃迁，$L=1$。

（3.58）式还可以表示为如下的 CSFs 的展开形式：

$$\left|\left\langle \Gamma_i P_i J_i \left\| \hat{O}^{(L)} \right\| \Gamma_j P_j J_j \right\rangle\right|^2 = \left| \sum_r \sum_s c_{r\Gamma_i} c_{s\Gamma_j} \left\langle \gamma_r P_r J_r \left\| \hat{O}^{(L)} \right\| \gamma_s P_s J_s \right\rangle \right|^2 \tag{3.59}$$

两个组态间的跃迁矩阵元又可以表示为如下的单电子跃迁矩阵元：

$$\left\langle \gamma_r P_r J_r \left\| \hat{O}^{(L)} \right\| \gamma_s P_s J_s \right\rangle = \sum_a \sum_b d_{ab}^L(rs) \left\langle n_a k_a \left\| \hat{O}^{(L)} \right\| n_b k_b \right\rangle \tag{3.60}$$

式中，$d_{ab}^L(rs)$ 为角系数。长度规范和速度规范下的单电子跃迁矩阵元表达式分别为

$$\left\langle n_a k_a \left\| \hat{O}^{(L)} \right\| n_b k_b \right\rangle = \left\langle n_a k_a \left\| \sum_{i=1}^{N} r(i) \right\| n_b k_b \right\rangle \tag{3.61}$$

$$\left\langle n_a k_a \left\| \hat{O}^{(L)} \right\| n_b k_b \right\rangle = (\Delta E_{ij})^{-1} \left\langle n_a k_a \left\| \sum_{i=1}^{N} \nabla_k \right\| n_b k_b \right\rangle \tag{3.62}$$

式中，$\Delta E_{ij}$ 为初末原子态间的跃迁能。

跃迁概率 $A$ 和振子强度 $gf$ 的表达式[97]如下：

$$A = 2.142 \times 10^{10} (\Delta E_{ij})^3 S / g_j \tag{3.63}$$

$$gf = \frac{2}{3} \Delta E_{ij} S \tag{3.64}$$

式中，$g_j$ 为末原子态的统计权重。跃迁概率 $A$ 的单位为 $s^{-1}$，振子强度 $gf$ 为一无量纲的代数量。由（3.63）式和（3.64）式可以看出：跃迁概率和振子强度分别正比于跃迁能的三次方和一次方，二者都与线强度成正比。通过比较长度规范和速度规范下线强度 $S$、跃迁概率 $A$ 和振子强度 $gf$ 的计算结果，可以判断计算结果的准确度。但在实际计算中，二者的结果只可能非常接近，一般情况下不可能完全一致。速度规范下的计算结果对波函数的精度要求非常高，因为波函数的较小变化便会引起计算结果的较大变化，而长度规范下的计算结果对波函数的精度要求较低，计算结果较为稳定，所以一般情况下推荐使用长度规范下的计算结果。

目前，国际上最先进的原子结构计算程序是基于 MCDF 方法所编写的 GRASP2K 程序[98-99]，该程序能够非常准确地计算真空条件下中性和高离化态离子的结构，但不能计算如等离子体环境等外场中的原子结构。我们在 GRASP2K 程序中分别加入描述稠密等离子体环境效应的均匀电子气离子球模型程序和自洽场离子球模型程序，用改进后的 GRASP2K 程序对稠密等离子体中高离化态离子的结构和性质进行了系统的研究。

# 第 4 章　类氢铝离子的结构和性质

## 4.1　理论方法

虽然在第 2 章和第 3 章中已分别介绍了离子球模型和 MCDF 方法，但没有将二者联系起来，故本章将二者联系起来做简要介绍。离子球模型基于以下原理：核电荷数为 $Z$ 的离子处在一个球形空腔中，该球形空腔中包含 $Z$ 个电子，使得整个球形空腔呈电中性状态。此球形空腔称为离子球或者维格纳-塞茨（Winger-Seitz）球。离子球半径 $R_0$ 由下式确定：

$$4\pi R_0^3 n_f / 3 = Z - N \tag{4.1}$$

式中，$n_f$ 为平均自由电子密度；$N$ 为束缚电子数。将离子球外面的等离子体视为电中性背景。等离子体中的原子结构问题依赖于自洽求解与离子球中的束缚电子、自由电子和带电离子相关的狄拉克方程和泊松方程。对于包含 $N$ 个束缚电子的离子，其狄拉克-库仑哈密顿量可以表示为如下的形式：

$$H = \sum_{i=1}^{N} H_i + \sum_{i=1}^{N-1} \sum_{j=i+1}^{N} \frac{1}{r_{ij}} \tag{4.2}$$

上式等号右边的第一项为束缚电子的能量之和，第二项为束缚电子间的相互作用能。单电子的哈密顿量定义为

$$H_i = c\boldsymbol{\alpha}_i \cdot \boldsymbol{p}_i + (\boldsymbol{\beta} - \boldsymbol{I})c^2 + V_{IS}(r_i) \tag{4.3}$$

上式等号右边的第一项和第二项为束缚电子的相对论动能项，第三项为束缚电子感受到的离子球势。接下来，我们来讨论如何求解离子球势。

核电荷数为 $Z$ 的离子、密度分别为 $n_f(r)$ 和 $n_b(r)$ 的自由电子和束缚电子所产生的总电势满足如下的泊松方程：

$$\nabla^2 V_{tot} = -4\pi(Z\delta(r) - n_f(r) - n_b(r)) \tag{4.4}$$

束缚电子的密度 $n_b(r)$ 可以用径向波函数的大、小分量 $P(r)$ 和 $Q(r)$ 求得。对于一个给定的束缚态，$n_b(r)$ 可以用下式表示：

$$n_b(r) = \sum_{i=1}^{M} q_i \frac{P_i^2(r) + Q_i^2(r)}{4\pi r^2} \tag{4.5}$$

式中，$q_i$ 为次壳层 $i$ 上束缚电子的占据数；$M$ 为次壳层的个数。(4.5) 式表示束缚电子密度的球对称平均。我们假定离子球中的自由电子遵循费米-狄拉克分布[100]，即自由电子密度的定义如下：

$$n_{\mathrm{f}}(r)=\frac{1}{\pi^2}\int_{k_0(r)}^{\infty}\frac{k^2\mathrm{d}k}{\mathrm{e}^{\left(\sqrt{k^2c^2+c^4}-c^2-V_{\mathrm{tot}}(r)-\mu\right)/T}+1} \tag{4.6}$$

式中，$k_0(r)=(2V_{\mathrm{tot}}(r)c^2-V_{\mathrm{tot}}^2(r))^{1/2}/c$；$T$ 为电子温度；$\mu$ 为化学势，由下式的电中性条件确定：

$$\int_0^{R_0}n_{\mathrm{f}}(r)4\pi r^2\mathrm{d}r=Z-N \tag{4.7}$$

总电势的边界条件为

$$V_{\mathrm{tot}}(r)=0\quad(r>R_0) \tag{4.8}$$

当 $r<R_0$ 时，泊松方程解的形式如下：

$$V_{\mathrm{tot}}(r)=V_{\mathrm{N}}(r)+V_{\mathrm{f}}(r)+V_{\mathrm{b}}(r) \tag{4.9}$$

式中，$V_{\mathrm{N}}(r)=Z/r$。(4.9) 式包括原子核、自由电子和束缚电子三者对总电势的贡献。自由电子的电势由下式计算：

$$V_{\mathrm{f}}(r)=-4\pi e\left(\frac{1}{r}\int_0^r n_{\mathrm{f}}(r')r'^2\mathrm{d}r'+\int_0^{R_0}n_{\mathrm{f}}(r')r'\mathrm{d}r'\right) \tag{4.10}$$

式中，$e$ 为电子带电量。

束缚电子的电势与自由电子的电势相似，其表达式如下：

$$V_{\mathrm{b}}(r)=-4\pi e\left(\frac{1}{r}\int_0^r n_{\mathrm{b}}(r')r'^2\mathrm{d}r'+\int_0^{R_0}n_{\mathrm{b}}(r')r'\mathrm{d}r'\right) \tag{4.11}$$

有效核势的定义如下：

$$V_{\mathrm{eff}}(r)=V_{\mathrm{N}}(r)+V_{\mathrm{f}}(r) \tag{4.12}$$

式中，$V_{\mathrm{N}}(r)=Z/r$。(4.12) 式中的 $V_{\mathrm{eff}}(r)$ 与 (4.3) 式中的离子球势 $V_{\mathrm{IS}}(r_i)$ 是相等的。(4.12) 式看似只与自由电子电势有关，其实不然。因为当束缚电子的空间分布发生变化时，总电势的空间分布随即发生变化，反过来导致自由电子的空间分布发生变化，从而使得有效核势也发生变化。因此，在程序中须通过反复迭代实现束缚电子和自由电子的自洽分布，我们将这种实现束缚电子和自由电子自恰分布的离子球模型称为自洽场离子球模型（SCFISM）。

束缚电子波函数的大、小分量 $P(r)$ 和 $Q(r)$ 由下面的对耦合狄拉克方程组求解：

$$\left(\frac{\mathrm{d}}{\mathrm{d}r}+\frac{k}{r}\right)P_{nk}(r)-\frac{1}{c}\left(2c^2-\varepsilon_{nk}+\frac{V_{\mathrm{IS}}(r)}{r}\right)Q_{nk}(r)=-\frac{\chi^P(r)}{r} \tag{4.13}$$

$$\left(\frac{\mathrm{d}}{\mathrm{d}r}-\frac{k}{r}\right)Q_{nk}(r)+\frac{1}{c}\left(-\varepsilon_{nk}+\frac{V_{\mathrm{IS}}(r)}{r}\right)P_{nk}(r)=\frac{\chi^Q(r)}{r} \tag{4.14}$$

式中，$P_{nk}(r)$ 和 $Q_{nk}(r)$ 分别为径向波函数的大、小分量；$\varepsilon_{nk}$ 为轨道能量；$n$ 为主量子数；$k$ 为自旋-轨道量子数，$k=l-1$ 对应于 $j=l+1/2$，$k=l$ 对应于 $j=l-1/2$。$\chi^P(r)$ 和 $\chi^Q(r)$ 是用于维持具有相同宇称的轨道间正交性的"交换势"。基于离子球模型电中性条件的假设，径向波函数的大、小分量 $P_{nk}(r)$ 和 $Q_{nk}(r)$ 须满足以下边界条件和归一化条件：

$$X(0)=0,\ X(r)=0\quad (X=P_{nk}\ 或\ X=Q_{nk},r>R_0) \tag{4.15}$$

$$\int_0^{R_0}(P_{nk}^2(r)+Q_{nk}^2(r))\mathrm{d}r=1 \tag{4.16}$$

如果电子温度较高，以至于自由电子的动能完全克服势能，（4.6）式表明此时自由电子的密度分布变得与空间位置无关，即离子球中自由电子的空间分布变成均匀分布。根据（4.10）式和（4.12）式，有效核势简化为如下的均匀电子气离子球模型（UEGISM）：

$$V^{\mathrm{UEGISM}}(r)=\frac{Z}{r}-\frac{Z-N_{\mathrm{b}}}{2R_0}\left[3-\left(\frac{r}{R_0}\right)^2\right] \tag{4.17}$$

当假定自由电子均匀分布时，（4.17）式所描述的有效核势的空间分布不再受束缚电子分布的影响，程序中只需自洽迭代求解束缚电子波函数即可。我们将球内自由电子均匀分布的离子球模型称为均匀电子气离子球模型（UEGISM）。

用自洽场离子球模型求解束缚电子波函数应遵循以下步骤：

步骤 1：将（4.17）式代入（4.13）式和（4.14）式求解出束缚电子波函数；

步骤 2：将步骤 1 中求解出的束缚电子波函数代入（4.5）式求解出束缚电子密度，从而根据（4.11）式求解出束缚电子所产生的电势；

步骤 3：保持束缚电子所产生的电势不变，根据（4.6）式和（4.10）式求解出自由电子密度及其所产生的电势，从而根据（4.12）式求解出新的有效核势；

步骤 4：将新的有效核势代入（4.13）式和（4.14）式求解出新的束缚电子波函数。

重复步骤 2、3 和 4，直至所计算的束缚电子波函数收敛为止。一旦得到了收敛的束缚电子波函数，则能级、跃迁能、跃迁概率和振子强度等原子结构数据均可以计算。

事实上，我们的计算仍然存在以下三点缺陷：

（1）忽略了自由电子与束缚电子间的交换和关联效应，这是因为这两个效应对所计算的结果的影响非常小。

（2）仅仅通过假定离子球外面呈电中性背景来间接地考虑了近邻离子间的关联效应。

（3）目前的方法对于超强耦合等离子体是不适用的，例如对于金属型等离子体，目前的方法是不适用的。本章中离子与离子间的耦合强度 $\Gamma_{ii}(=\bar{z}^2/TR_0)\leqslant 2$，认为离子呈均匀分布是可行的。

特别说明一点：在等离子体物理中，因束缚电子属于离子自身的组成部分，习惯上将自由电子密度简称为电子密度，将自由电子温度简称为电子温度，故在本书中也将自由电子温度简称为电子温度；但本书中还要研究束缚电子的径向波函数、不同原子轨道上束缚电子的跃迁能和跃迁概率、自由电子的空间分布、有效核势等随自由电子密度的变化情况，故我们在本书中仍然区分束缚电子密度和自由电子密度。

## 4.2 结果与讨论

### 4.2.1 自由电子的空间分布

图 4.1 所示的是当电子温度为 500 eV 时，类氢铝离子原子核周围自由电子的空间分布随自由电子密度的变化情况。从图 4.1 可以看出：原子核附近的自由电子密度较高，而离原子核较远处的自由电子几乎是均匀分布的。这个结果表明：离子球里面自由电子空间分布的变化主要取决于核电荷的吸引，电子间的库仑排斥起次要作用。从图 4.1 还可以看出：当自由电子密度较高时，原子核附近的自由电子密度非常大，这在物理上是不合理的，但在实际计算中，这个奇特的分布对最终的计算结果不会产生明显的影响。

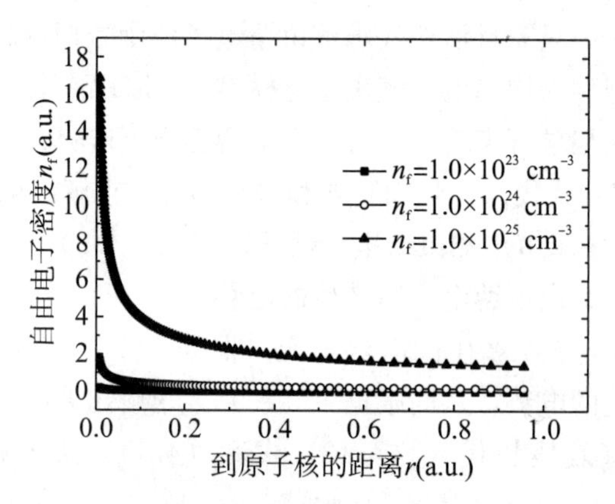


**图 4.1　类氢铝离子原子核周围自由电子的空间分布随自由电子密度的变化情况**

当自由电子密度为 $1.0\times10^{24}$ $cm^{-3}$时，类氢铝离子原子核周围自由电子的空间分布随电子温度的变化情况如图 4.2 所示。从图 4.2（a）可以看出：原子核周围的自由电子密度随电子温度的升高而迅速降低，越来越均匀并逐渐接近于 UEGISM 的结果。这是因为自由电子的动能随电子温度的升高而增加，故自由电子远离原子核的概率随之增加，即自由电子更加自由地运动，并趋于均匀分布。从图 4.2（b）可以看出：在离子球表面附近的自由电子密度低于 UEGISM 的结果。这是要求整个离子球满足电中性状态所导致的，也就是说，整个离子球中的总电子数必须等于核电荷数 $Z$。

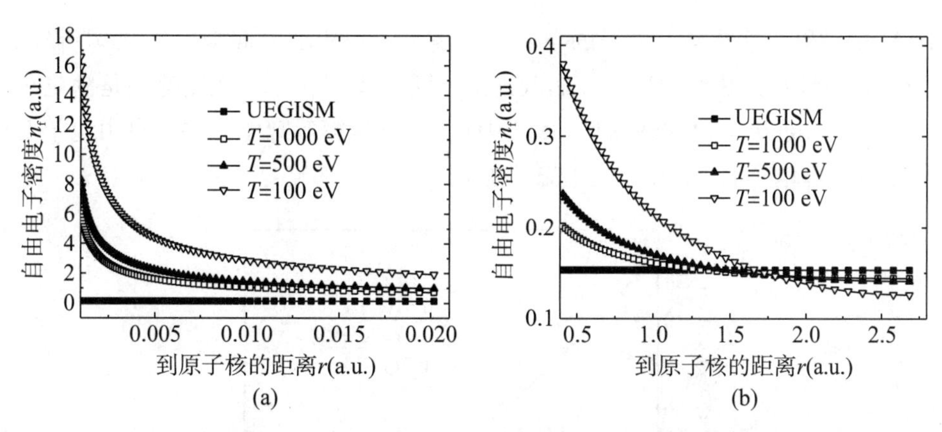


**图 4.2　类氢铝离子原子核周围自由电子的空间分布随电子温度的变化情况**

从上面的分析可知：由于高离化态离子强的核电荷吸引，自由电子的空间分布是不均匀的，即出现了极化现象；但当电子温度非常高时，自由电子的分布变得很均匀。因此，与 UEGISM 相比，SCFISM 更适合于描述强耦合等离子体的屏蔽效应，因为实际等离子体中的电子温度总是很有限的。

### 4.2.2　有效核势

当电子温度为 500 eV 时，类氢铝离子的有效核势随自由电子密度的变化情况如图 4.3 所示。从图 4.3 可以看出：有效核势随到原子核距离的增加而降低，且最小值等于束缚电子数。对于类氢铝离子，最小值等于 1。从图 4.3 还可以看出：有效核势随自由电子密度的升高而较快降低。这是由于整个离子球呈电中性状态，离子球半径随自由电子密度的升高而减小，原子核周围的自由电子数随自由电子密度的升高而增加，对原子核的屏蔽强度逐渐增大。本章得到的有效核势随自由电子密度的变化趋势与文献［101］报道的类铍离子相似。

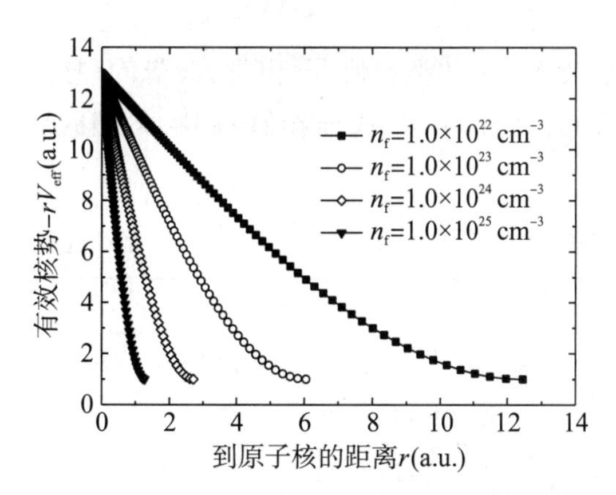


**图 4.3　类氢铝离子的有效核势随自由电子密度的变化情况**

当自由电子密度为 $1.0\times10^{24}\ cm^{-3}$ 时，类氢铝离子的有效核势随电子温度的变化情况如图 4.4 所示。从图 4.4 可以看出：有效核势随电子温度的升高而逐渐接近于

UEGISM 的结果，这是自由电子的空间分布随电子温度的升高越来越均匀所导致的。用 SCFISM 所计算的其他物理量，如跃迁能、跃迁概率和振子强度等也是随电子温度的升高而逐渐接近于 UEGISM 的结果。因此，在热稠密等离子体中，自由电子对原子核的屏蔽效应随电子温度的变化是比较明显的，不可以忽略电子温度的影响。

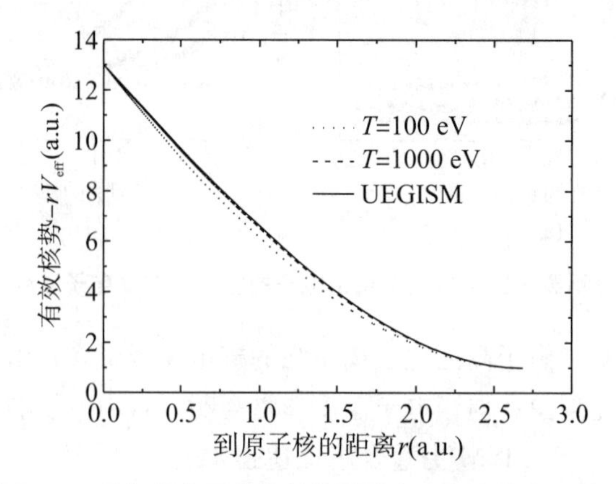


**图 4.4　类氢铝离子的有效核势随电子温度的变化情况**

## 4.2.3　自由类氢铝离子的跃迁参数

我们的计算结果和 NIST 的推荐值[102]均表明 $2p_{3/2}$ 与 $2p_{1/2}$，$3p_{3/2}$ 与 $3p_{1/2}$，$4p_{3/2}$ 与 $4p_{1/2}$ 原子态间的能级间隔分别为 1.301 eV、0.385 eV 和 0.163 eV。这些能级间隔是相对比较小的，且 1s（$^2S_{1/2}$）- $n$p（$^2P_{3/2}$）与 1s（$^2S_{1/2}$）- $n$p（$^2P_{1/2}$）（$n$=2～4）的跃迁概率也非常接近。因此，本章仅以 1s（$^2S_{1/2}$）- $n$p（$^2P_{3/2}$）（$n$=2～4）的跃迁为例来探讨跃迁能、跃迁概率和振子强度等跃迁参数随自由电子密度和电子温度的变化情况。本章中列出的跃迁概率和振子强度均为长度规范下的值。

表 4.1 所示的是自由类氢铝离子 1s（$^2S_{1/2}$）- $n$p（$^2P_{3/2}$）（$n$=2～4）的跃迁能、跃迁概率和振子强度，以及 NIST 的推荐值[102]和 Jitrik 等的理论计算结果[103]。从表 4.1 可以看出：我们的计算结果与 NIST 的推荐值和 Jitrik 等的理论计算结果符合得非常好。

**表 4.1　自由类氢铝离子 1s（$^2S_{1/2}$）- $n$p（$^2P_{3/2}$）（$n$=2～4）的跃迁能、跃迁概率和振子强度**

| 跃迁 | $E$（eV） | | | $A$（$s^{-1}$） | | | $gf$ | | |
|---|---|---|---|---|---|---|---|---|---|
| | 本章 | 文献[102] | 误差 1 | 本章 | 文献[103] | 误差 2 | 本章 | 文献[103] | 误差 3 |
| 1s - 2p | 1729.393 | 1728.989 | 0.02 | $1.787\times10^{13}$ | $1.792\times10^{13}$ | 0.28 | 0.551 | 0.553 | 0.36 |
| 1s - 3p | 2048.880 | 2048.469 | 0.02 | $4.775\times10^{12}$ | $4.773\times10^{12}$ | 0.04 | 0.105 | 0.105 | 0.00 |
| 1s - 4p | 2160.746 | 2160.332 | 0.02 | $1.947\times10^{12}$ | $1.943\times10^{12}$ | 0.21 | 0.038 | 0.038 | 0.00 |

注：误差 1、误差 2、误差 3 表示本章所计算的结果与 NIST 的推荐值或者 Jitrik 等的理论计算结果的相对误差。

### 4.2.4　热稠密等离子体中类氢铝离子的跃迁能

热稠密等离子体中类氢铝离子 1s（$^2S_{1/2}$）- $n$p（$^2P_{3/2}$）（$n$=2,4)的跃迁能随自由电子密度和电子温度的变化趋势与 1s（$^2S_{1/2}$）- 3p（$^2P_{3/2}$）的相同，因此，这里仅以 1s（$^2S_{1/2}$）- 3p（$^2P_{3/2}$)的跃迁为例来讨论自由电子密度和电子温度对跃迁能的影响。图 4.5 所示的是当电子温度为 500 eV 时，类氢铝离子 1s（$^2S_{1/2}$）- 3p（$^2P_{3/2}$）的跃迁能随自由电子密度的变化情况。从图 4.5 可以看出：跃迁能随自由电子密度的升高几乎呈线性下降，这是自由电子对原子核的屏蔽强度随自由电子密度的升高而逐渐增大所致。例如，当自由电子密度分别为 $1.0\times10^{23}$ $cm^{-3}$、$5.0\times10^{23}$ $cm^{-3}$ 和 $1.0\times10^{24}$ $cm^{-3}$ 时，用 UEGISM 所计算的跃迁能分别为 2047.994 eV、2044.380 eV 和 2039.688 eV。Bhattacharyya 等[104]基于非相对论方法在上述自由电子密度下所计算的跃迁能分别为 2047.985 eV、2044.336 eV 和 2039.619 eV。由此可知：我们的计算结果与 Bhattacharyya 等的计算结果符合得非常好。

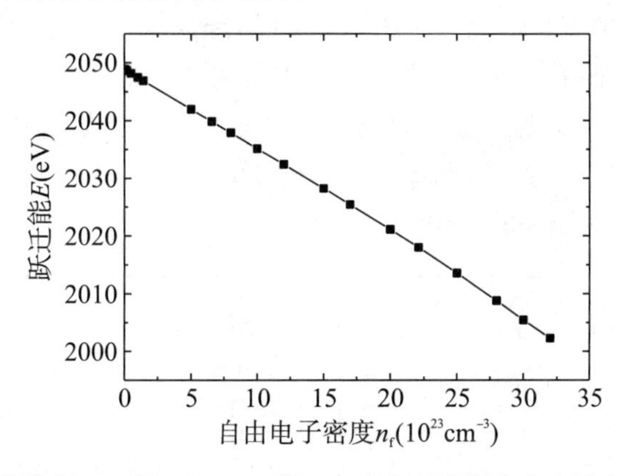


**图 4.5　类氢铝离子 1s（$^2S_{1/2}$）- 3p（$^2P_{3/2}$）的跃迁能随自由电子密度的变化情况**

图 4.6 所示的是当自由电子密度为 $1.0\times10^{24}$ $cm^{-3}$ 时，类氢铝离子 1s（$^2S_{1/2}$）- 3p（$^2P_{3/2}$)的跃迁能随电子温度的变化情况。从图 4.6 可以看出：跃迁能随电子温度的升高逐渐上升并趋近于 UEGISM 的结果。这是由于电子温度越高，自由电子的空间分布越均匀，因而自由电子对原子核的屏蔽强度越小，从而导致跃迁能的上升。

另外，本章所计算的 1s（$^2S_{1/2}$）- $n$p（$^2P_{3/2}$）（$n$=2～4）的跃迁概率和振子强度在长度规范和速度规范下的结果几乎完全相同，说明我们的计算结果是可靠的。跃迁概率和振子强度随自由电子密度和电子温度的变化趋势与跃迁能的完全相同，不赘述。

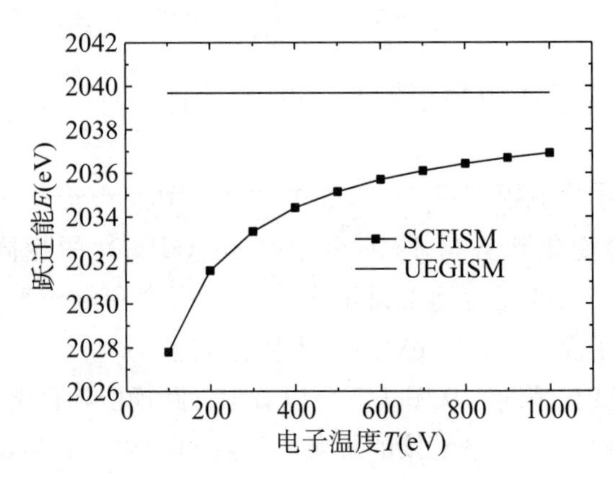


**图 4.6　类氢铝离子** 1s（$^2S_{1/2}$）- 3p（$^2P_{3/2}$）**的跃迁能随电子温度的变化情况**

## 4.2.5　热稠密等离子体中类氢铝离子的电离势

图 4.7 所示的是当电子温度为 900 eV 时，类氢铝离子 $n\mathrm{p}_{3/2}$（$n$=2～4）原子态的电离势随自由电子密度的变化情况。从图 4.7 可以看出：对于三个原子态，电离势均随自由电子密度的升高而下降，并趋于零。对于类氢离子，当自由电子密度升高到一定值时，某个 $n\mathrm{p}_{3/2}$（$n$=2～4）原子态的电离势恰好等于零，则从 1s 基态到该态跃迁对应的光谱将消失，因为该原子态上的束缚电子已经被电离了。我们将在第 10 章中更为详细地探讨稠密等离子体中束缚电子的电离问题。

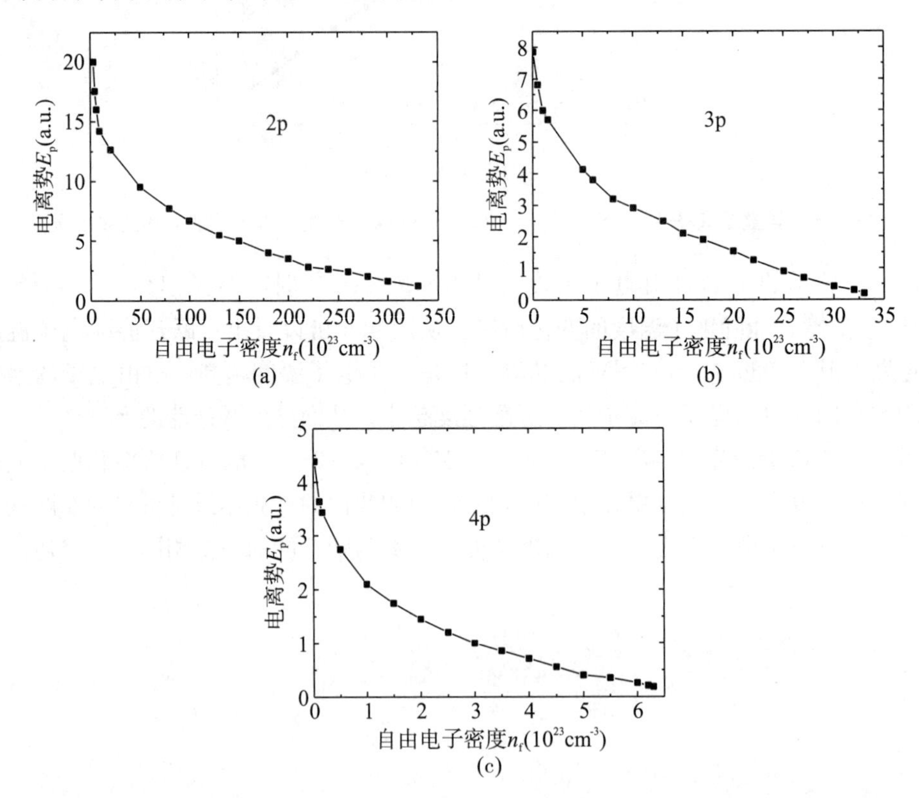


**图 4.7　类氢铝离子** $n\mathrm{p}_{3/2}$（$n$=2～4）**原子态的电离势随自由电子密度的变化情况**

## 4.3　小结

本章研究了热稠密等离子体中类氢铝离子的原子结构和跃迁特性。结果表明：原子核附近的自由电子密度较高，距离原子核越远自由电子密度越低且趋于均匀分布；随着电子温度的升高，原子核附近的自由电子密度迅速下降，整个离子球里面自由电子的分布更加均匀。有效核势随自由电子密度的升高而较快降低，但随电子温度的升高而逐渐接近于 UEGISM 的结果。跃迁能、跃迁概率和振子强度等随自由电子密度和电子温度的变化趋势与有效核势的相似。随着自由电子密度的升高，类氢铝离子的电离势逐渐衰减至零。

与均匀电子气离子球模型（UEGISM）相比，自洽场离子球模型（SCFISM）更适合描述稠密等离子体对原子核的屏蔽效应。因为稠密等离子体中高离化态离子较强的核电荷库仑吸引力使得自由电子不可能是均匀分布的，除非电子温度非常高，但实际等离子体中的电子温度总是很有限的。

# 第 5 章　类氦铝离子的结构和性质

## 5.1　理论方法

热稠密等离子体中类氦铝离子原子结构的研究方法与第 4 章热稠密等离子体中类氢铝离子原子结构的研究方法大体上是相似的，这里仅将不同之处予以补充。在第 4 章中，要求离子球外面的径向波函数值为零。但是，在离子球模型中，因为离子球外面总的电势为零，束缚电子是可以运动到离子球外面的，故本章中允许束缚电子运动到离子球外面，此时束缚电子径向波函数的归一化条件为

$$\int_0^\infty [P^2(r)+Q^2(r)]\mathrm{d}r = 1 \tag{5.1}$$

允许束缚电子运动到离子球外面，意味着破坏了离子球应该呈电中性状态这一基本条件。但在本章所选取的自由电子密度范围内，离子球外面束缚电子的径向波函数值是等于零或者非常接近于零的，故对离子球电中性条件的破坏是轻微的。第 10 章将详细介绍如何既允许束缚电子隧穿到离子球外面，又能严格维持整个离子球呈电中性状态。

在 GRASP2K 程序中，用双向打靶法求解关于径向波函数的狄拉克方程。首先，从原子核（原点）向外积分至经典转折点；然后，从无穷远处向里积分至经典转折点；最后，根据向外积分和向里积分的径向波函数值在经典转折点上的差异调整轨道能量，确保在经典转折点上向外积分和向里积分的径向波函数值是相等的。详细的积分过程请参阅文献 [105] ～ [107]。

在 GRASP2K 程序中，按照下式给出径向网格点：

$$R(I) = R_i \times [\mathrm{e}^{(I-1)H} - 1] \quad (I = 1,2,\cdots,N) \tag{5.2}$$

式中，$R_i$ 和 $H$ 为可调参数；$N$ 为网格点总数。$R_i$、$H$ 和 $N$ 的默认值分别为 $2.0\times10^{-6}$ a.u.、0.05 和 590。在实际计算时，一般情况下，保持 $R_i$ 的默认值不变。$H$ 的值可根据实际需要进行调整，但是 $H$ 的取值范围为 [0.03,0.1]。若 $H$ 的值超出此范围，计算出的数据将不再稳定。通常情况下，选择 $H$ 的默认值计算自由原子或者离子的结构。当用离子球模型计算稠密等离子体中的原子结构时，$H$ 的值需根据离子球半径做相应的调整。当离子球半径一定时，选取的网格点数不同，$H$ 的值也不同，但只要在上面的取值范围内，所计算的结果是保持稳定的。

在我们的程序中，所能计算的最低电子温度随自由电子密度的升高而升高。例如，当自由电子密度分别高于 $1.0\times10^{22}$ $cm^{-3}$ 和 $1.0\times10^{23}$ $cm^{-3}$ 时，所能计算的电子温度必须分别高于 10 eV 和 50 eV。其原因是此时的化学势由小于零转变为大于零，不能很好地维持离子球的电中性状态，因此，本章没有考虑电子温度低于 100 eV 时的原子结构。本章所用的能量单位主要是原子单位（a. u.），波数单位（$cm^{-1}$）也有使用，1 a. u. = 219474.63137 $cm^{-1}$。

## 5.2　结果与讨论

### 5.2.1　自由类氦铝离子的跃迁参数

$1s^2$（$^1S^e$）- $1snp$（$^3P^o$）和 $1s^2$（$^1S^e$）- $1snp$（$^1P^o$）（$n=2\sim4$）分别是互组跃迁和共振跃迁。本章仅考虑共振跃迁，因为互组跃迁属于自旋禁戒跃迁，其跃迁概率相对较小，实验中很难观测到。对于多电子原子，束缚电子间的关联效应是非常重要的，可以用组态相互作用方法来处理。原子态波函数可以用具有相同宇称和角动量的组态波函数的线性组合来建立，可以将参考组态中占据轨道上的束缚电子单激发、双激发或者三激发至非占据轨道以形成组态波函数序列。然而，在用离子球模型描述的强耦合等离子体中，束缚电子的活动空间较小，当等离子体密度较高时其更小。因此，用组态相互作用方法不能很好地考虑强耦合等离子体中束缚电子间的关联效应。为了确保等离子体中类氦铝离子原子结构计算的准确性，本章计算了真空条件下类氦铝离子的原子结构，以测试当前所选取组态序列的合理性。组态 $1s^2$、1s2s、$2s^2$ 和 $2p^2$（$J=0$）可以作为原子态 $1s^2$ 的组态序列，而组态 $1s^2$ 对原子态 $1s^2$ 的贡献率高达 99.9965%，因此仅用 $1s^2$ 作为原子态 $1s^2$ 的组态序列。分别用组态 1s2p 和 2s2p，1s2p、1s3p、2s2p、2s3p、2p3s 和 3s3p，1s2p、1s3p、1s4p、2s2p、2s3p、2s4p、2p3s、2p4s、3s3p、3s4p、3p4s 和 4s4p（$J=1$）作为原子态 1s2p、1s3p 和 1s4p（$J=1$）的组态序列。以 $1s^2$（$^1S^e$）- 1s2p（$^1P^o$）跃迁为例，如果不考虑束缚电子间的关联效应，则所计算的跃迁能、跃迁概率与 NIST 的推荐值[102]的差值分别为 15338 $cm^{-1}$ 和 $0.12\times10^{13}$ $s^{-1}$。但是若用上面提到的组态相互作用方法及相应的组态序列来考虑束缚电子间的关联效应，所计算的跃迁能、跃迁概率与 NIST 的推荐值的差值分别下降到 234 $cm^{-1}$ 和 $0.01\times10^{13}$ $s^{-1}$。因此，即使对于只有两个束缚电子的类氦铝离子，束缚电子间的关联效应依然是非常重要的。

当前所计算的 $1s^2$（$^1S^e$）- $1snp$（$^1P^o$）（$n=2\sim4$）的跃迁能与 NIST 的推荐值的差值分别为 234 $cm^{-1}$、1146 $cm^{-1}$ 和 1443 $cm^{-1}$，跃迁能千分位以后的数字是无意义的，不能提供任何有用的信息，因此当前所计算的真空条件下和等离子体中的跃迁能以 1000$cm^{-1}$ 为单位来表示。表 5.1 列出了自由类氦铝离子 $1s^2$（$^1S^e$）- $1snp$（$^1P^o$）（$n=2\sim4$）的跃迁能、跃迁概率和振子强度。

**表 5.1　自由类氦铝离子 $1s^2$（$^1S^e$）- $1snp$（$^1P^o$）（$n$=2～4）的跃迁能、跃迁概率和振子强度**

| 跃迁 | $E$（$1000cm^{-1}$） | | | | | $A$（$s^{-1}$） | | | | | $gf$ | |
|---|---|---|---|---|---|---|---|---|---|---|---|---|
| | 本章 | 文献[54] | 文献[102] | 误差 1 | 误差 2 | 本章 | 文献[54] | 文献[102] | 误差 1 | 误差 2 | 本章 | 文献[54] |
| $1s^2$ - 1s2p | 12891 | 12872 | 12891 | 0.0000 | 0.1474 | $2.76\times10^{13}$ | $2.74\times10^{13}$ | $2.75\times10^{13}$ | 0.3636 | 0.3636 | 0.746 | 0.748 |
| $1s^2$ - 1s3p | 15071 | 15049 | 15072 | 0.0066 | 0.1526 | $7.66\times10^{12}$ | $7.60\times10^{12}$ | $7.61\times10^{12}$ | 0.6570 | 0.1314 | 0.152 | 0.152 |
| $1s^2$ - 1s4p | 15837 | 15814 | 15838 | 0.0063 | 0.1515 | $3.16\times10^{12}$ | $3.14\times10^{12}$ | $3.13\times10^{12}$ | 0.9585 | 0.3195 | 0.057 | 0.057 |

注：误差 1 表示本章所计算的结果与 NIST 的推荐值的相对误差。误差 2 表示 Sil 等的理论计算结果与 NIST 的推荐值的相对误差。

从表 5.1 可以看出：本章所计算的跃迁概率与 NIST 的推荐值[102]和 Sil 等的理论计算结果[54]符合得非常好，振子强度和 Sil 等的理论计算结果也符合得很好。本章所计算的跃迁能与 NIST 的推荐值符合得很好，但比 Sil 等的理论计算结果大了至少 19 个单位。从表 5.1 还可以看出：本章所计算的跃迁能与 NIST 的推荐值的相对误差从 $1s^2$ - 1s2p 到 $1s^2$ - 1s4p 总体上是逐渐增加的。其原因是描述具有较高量子数原子态的束缚电子间的关联效应需要更多的组态，然而，在上面提到的组态的基础上不能再增加更多的组态，具体解释如下：

可以通过真空条件下原子结构参数与等离子体中对应的原子结构参数间的差值来量度等离子体环境对原子结构的屏蔽程度。例如，等离子体中的能级移动量是真空条件下的能级与等离子体中对应能级的差值；电离势降低（IPD）是真空条件下的电离势和等离子体中对应的电离势的差值。因此，等离子体中一个原子态对应的组态序列应该与其在真空条件下的组态序列相同，否则所估算的等离子体环境对原子结构的屏蔽强度是无意义的。在真空条件下，组态的个数可以通过逐步增加主量子数来扩展，直至计算结果收敛为止。然而，在稠密等离子体中，自由电子密度越高，离子球半径越小，束缚电子的活动空间就越小。对于原子态 1s2p、1s3p 和 1s4p（$J=1$），当自由电子密度分别为 $2.40\times10^{25}$ $cm^{-3}$、$2.21\times10^{24}$ $cm^{-3}$和 $4.50\times10^{23}$ $cm^{-3}$时，在 2p、3p 和 4p 轨道上的束缚电子的经典转折点非常接近于离子球的球面，已不能将束缚电子激发至更高的非占据轨道。因此，对于原子态 1s2p、1s3p 和 1s4p（$J=1$），仅分别考虑了主量子数 $n\leqslant2$、$n\leqslant3$ 和 $n\leqslant4$ 的组态序列，而没有包含主量子数 $n>2$、$n>3$ 和 $n>4$ 的组态序列。

## 5.2.2　热稠密等离子体中类氦铝离子的跃迁能、跃迁概率和振子强度

热稠密等离子体中类氦铝离子 $1s^2$（$^1S^e$）- 1s$n$p（$^1P^o$）（$n=2\sim4$）的跃迁能、跃迁概率和振子强度分别列于表 5.2 至表 5.4。$1s^2$（$^1S^e$）- 1s$n$p（$^1P^o$）（$n=2,4$）的跃迁能、跃迁概率和振子强度随自由电子密度和电子温度的变化规律与 $1s^2$（$^1S^e$）- 1s3p（$^1P^o$）的相似，故以 $1s^2$（$^1S^e$）- 1s3p（$^1P^o$）为例讨论跃迁能、跃迁概率和振子强度随自由电子密度和电子温度的变化规律。

从表 5.3 可以看出：跃迁能随自由电子密度的升高而迅速下降。这是自由电子对原子核的屏蔽强度随自由电子密度的升高而逐渐增大所致。当自由电子密度分别为 $1.0\times10^{23}$ $cm^{-3}$、$5.0\times10^{23}$ $cm^{-3}$、$1.0\times10^{24}$ $cm^{-3}$时，基于 UEGISM 所计算的 $1s^2$（$^1S^e$）- 1s3p（$^1P^o$）的跃迁能分别为 15063 个单位、15028 个单位和 14982 个单位。Bhattacharyya 等[53]用非相对论方法结合 UEGISM，在上述三个自由电子密度下所计算的 $1s^2$（$^1S^e$）- 1s3p（$^1P^o$）的跃迁能分别为 15038 个单位、15003 个单位和 14961 个单位；Sil 等[54]用非相对论方法结合 UEGISM，在上述三个自由电子密度下所计算的 $1s^2$（$^1S^e$）-1s3p（$^1P^o$）的跃迁能分别为 15038 个单位、15002 个单位和 14958 个单位。比较我们与 Bhattacharyya 等和 Sil 等计算的跃迁能可以看出：我们所计算的跃迁能比他们计算的大了大约 22 个单位，而 Bhattacharyya 等与 Sil 等所计算的跃迁能互相符合得很好。然而从表 5.1 可以看出：我们用相对论方法所计算的自由类氦铝离子

$1s^2$（$^1S^e$）-1s3p（$^1P^o$）的跃迁能与 NIST 的推荐值符合得非常好，但是 Sil 等的理论计算结果比 NIST 的推荐值小了大约 23 个单位。因此，我们所计算的稠密等离子体中类氦铝离子的跃迁能与 Bhattacharyya 等和 Sil 等的理论计算结果的差异主要是真空条件下的差异所导致的。

从表 5.3 可以看出：当自由电子密度一定时，跃迁能随电子温度的升高而缓慢上升并逐渐接近于 UEGISM 的结果。其原因是电子温度越高，自由电子的分布越均匀，自由电子对原子核的屏蔽强度越小，导致了跃迁能的升高。从表 5.3 还可以看出：当自由电子密度较低时，电子温度对跃迁能的影响几乎可以忽略；但当自由电子密度较高时，电子温度对跃迁能的影响较为明显。这是因为当自由电子密度较低时，离子球内自由电子数较少，离子球半径较大，电子温度对自由电子分布的影响非常小，SCFISM 对应的有效核势与 UEGISM 对应的有效核势几乎相同，故跃迁能几乎不受电子温度的影响。然而，当自由电子密度较高时，离子球内自由电子数较多，离子球半径较小，电子温度对自由电子分布产生很明显的影响，SCFISM 对应的有效核势与 UEGISM 对应的有效核势的差异较为明显，故跃迁能受电子温度的影响较为明显。

从表 5.3 可以看出：当电子温度一定时，跃迁概率和振子强度随自由电子密度的升高而降低；当自由电子密度一定时，跃迁概率和振子强度随电子温度的升高而缓慢升高并逐渐趋近于 UEGISM 的结果，其原因解释如下：

长度规范下的电偶极线强度 $S$ 的定义如下：

$$\begin{aligned}S &= \left(\left\langle \gamma_i J_i M_i \left| \sum_k^N r(k) \right| \gamma_j J_j M_j \right\rangle\right)^2 \\ &= \left(\sum_{i'j'} c_{i'} c_{j'} \left\langle \gamma'_i J_i M'_i \left| \sum_k^N r(k) \right| \gamma'_j J_j M'_j \right\rangle\right)^2 \\ &= \left(\sum_{i'j'} c_{i'} c_{j'} \sum_k^N \upsilon(nl, n'l') \langle nl \mid r(k) \mid n'l' \rangle\right)^2\end{aligned} \tag{5.3}$$

式中，$\left\langle \gamma_i J_i M_i \left| \sum_k^N r(k) \right| \gamma_j J_j M_j \right\rangle$ 为初末原子态间的跃迁矩阵元；$c_{i'}$ 和 $c_{j'}$ 分别为初末原子态的组态展开系数；$\upsilon(nl, n'l')$ 为角系数；$\langle nl \mid r(k) \mid n'l' \rangle$ 为单电子跃迁矩阵元，也称为单电子跃迁积分。线强度等于初末原子态间跃迁矩阵元的平方，取决于单电子跃迁积分。长度规范下的跃迁概率和振子强度的计算公式如下[97]：

$$A = 2.142 \times 10^{10} \ (E_{ij})^3 S / g_j \tag{5.4}$$

$$gf = \frac{2}{3} E_{ij} S \tag{5.5}$$

式中，$E_{ij}$ 为统计权重分别为 $g_i$ 和 $g_j$ 的初末原子态间的跃迁能（a. u.）。可以看出跃迁概率正比于跃迁能的三次方，振子强度正比于跃迁能，跃迁概率和振子强度均正比于线强度。

表 5.2　热稠密等离子体中类氦铝离子 $1s^2$ ($^1S^e$) - 1s2p ($^1P^o$) 的跃迁能、跃迁概率和振子强度

| $n_f$ ($cm^{-3}$) | $R_0$ (a. u.) | 200 | | | 400 | | | 700 | | | 1000 | | | UEGISM | | | 文献[53] | 文献[54] | | |
|---|---|---|---|---|---|---|---|---|---|---|---|---|---|---|---|---|---|---|---|---|
| | | $E$ | $A$ | $gf$ | $E$ | $A$ | $gf$ | $E$ | $A$ | $gf$ | $E$ | $A$ | $gf$ | $E$ | $A$ | $gf$ | $E$ | $E$ | $A$ | $gf$ |
| 0 | ∞ | 12891 | 2.76 | 0.746 | 12891 | 2.76 | 0.746 | 12891 | 2.76 | 0.746 | 12891 | 2.76 | 0.746 | 12891 | 2.76 | 0.746 | | | | |
| $5.00\times10^{23}$ | 3.2848 | 12875 | 2.73 | 0.741 | 12878 | 2.74 | 0.742 | 12880 | 2.74 | 0.742 | 12881 | 2.74 | 0.743 | 12885 | 2.74 | 0.744 | | 12861 | 2.61 | 0.713 |
| $1.00\times10^{24}$ | 2.6071 | 12859 | 2.70 | 0.736 | 12866 | 2.71 | 0.738 | 12870 | 2.72 | 0.739 | 12871 | 2.72 | 0.739 | 12878 | 2.73 | 0.741 | 12855 | 12853 | 2.56 | 0.701 |
| $2.21\times10^{24}$ | 2.0015 | 12823 | 2.65 | 0.724 | 12837 | 2.67 | 0.728 | 12844 | 2.68 | 0.730 | 12848 | 2.68 | 0.731 | 12862 | 2.70 | 0.735 | 12839 | | | |
| $3.00\times10^{24}$ | 1.8078 | 12801 | 2.61 | 0.716 | 12817 | 2.63 | 0.721 | 12828 | 2.65 | 0.724 | 12833 | 2.66 | 0.726 | 12852 | 2.68 | 0.731 | | | | |
| $5.00\times10^{24}$ | 1.5246 | 12745 | 2.52 | 0.697 | 12770 | 2.56 | 0.705 | 12786 | 2.58 | 0.709 | 12794 | 2.59 | 0.712 | 12824 | 2.63 | 0.719 | | | | |
| $6.43\times10^{24}$ | 1.4020 | 12706 | 2.45 | 0.683 | 12736 | 2.50 | 0.692 | 12757 | 2.53 | 0.698 | 12767 | 2.54 | 0.701 | 12804 | 2.59 | 0.711 | 12799 | | | |
| $7.56\times10^{24}$ | 1.3284 | 12675 | 2.40 | 0.672 | 12710 | 2.45 | 0.682 | 12733 | 2.48 | 0.689 | 12745 | 2.50 | 0.692 | 12788 | 2.56 | 0.704 | | | | |
| $8.50\times10^{24}$ | 1.2775 | 12649 | 2.35 | 0.662 | 12688 | 2.41 | 0.674 | 12713 | 2.45 | 0.681 | 12726 | 2.47 | 0.685 | 12774 | 2.53 | 0.697 | | | | |
| $9.30\times10^{24}$ | 1.2397 | 12627 | 2.32 | 0.653 | 12669 | 2.38 | 0.666 | 12696 | 2.42 | 0.674 | 12710 | 2.44 | 0.678 | 12763 | 2.51 | 0.692 | | | | |
| $1.00\times10^{25}$ | 1.2100 | 12608 | 2.28 | 0.645 | 12652 | 2.34 | 0.659 | 12681 | 2.39 | 0.668 | 12696 | 2.41 | 0.672 | 12752 | 2.48 | 0.687 | | | | |
| $1.41\times10^{25}$ | 1.0791 | 12494 | 2.07 | 0.595 | 12551 | 2.15 | 0.614 | 12591 | 2.21 | 0.626 | 12611 | 2.24 | 0.633 | 12688 | 2.34 | 0.654 | | | | |
| $1.73\times10^{25}$ | 1.0081 | | | | 12469 | 1.98 | 0.573 | 12517 | 2.05 | 0.588 | 12542 | 2.09 | 0.596 | 12634 | 2.21 | 0.624 | | | | |
| $2.00\times10^{25}$ | 0.9605 | | | | 12397 | 1.82 | 0.532 | 12451 | 1.90 | 0.551 | 12480 | 1.94 | 0.561 | 12586 | 2.09 | 0.594 | | | | |
| $2.21\times10^{25}$ | 0.9290 | | | | 12338 | 1.68 | 0.495 | 12398 | 1.77 | 0.517 | 12429 | 1.82 | 0.529 | 12547 | 1.99 | 0.568 | | | | |
| $2.40\times10^{25}$ | 0.9039 | | | | | | | 12348 | 1.64 | 0.484 | 12382 | 1.69 | 0.497 | 12509 | 1.88 | 0.541 | | | | |

注：1. 数字 200、400、700 和 1000 表示电子温度（eV）。

2. UEGISM 表示用均匀电子气离子球模型所计算的结果。

3. 跃迁能 $E$ 的单位为 $1000cm^{-1}$，跃迁概率 $A$ 的单位为 $10^{13}s^{-1}$，振子强度 $gf$ 为一无量纲的代数量。

**表 5.3　热稠密等离子体中类氦铝离子 $1s^2$ ($^1S^e$) - 1s3p ($^1P^o$) 的跃迁能、跃迁概率和振子强度**

| $n_f$ ($cm^{-3}$) | $R_0$ (a.u.) | 100 | | | 400 | | | 700 | | | 1000 | | | UEGISM | | | 文献[53] | 文献[54] | | |
|---|---|---|---|---|---|---|---|---|---|---|---|---|---|---|---|---|---|---|---|---|
| | | $E$ | $A$ | $gf$ | $E$ | $A$ | $gf$ | $E$ | $A$ | $gf$ | $E$ | $A$ | $gf$ | $E$ | $A$ | $gf$ | $E$ | $E$ | $A$ | $gf$ |
| 0 | ∞ | 15071 | 7.66 | 0.152 | 15071 | 7.66 | 0.152 | 15071 | 7.66 | 0.152 | 15071 | 7.66 | 0.152 | 15071 | 7.66 | 0.152 | | | | |
| $1.00\times10^{22}$ | 12.1012 | 15069 | 7.64 | 0.151 | 15070 | 7.64 | 0.151 | 15070 | 7.65 | 0.151 | 15070 | 7.65 | 0.151 | 15070 | 7.65 | 0.151 | | | | |
| $1.77\times10^{22}$ | 10.0000 | 15067 | 7.63 | 0.151 | 15069 | 7.64 | 0.151 | 15069 | 7.64 | 0.151 | 15069 | 7.64 | 0.151 | 15070 | 7.64 | 0.151 | 15045 | | | |
| $5.00\times10^{22}$ | 7.0768 | 15061 | 7.58 | 0.150 | 15064 | 7.60 | 0.151 | 15065 | 7.61 | 0.151 | 15066 | 7.61 | 0.151 | 15067 | 7.62 | 0.151 | | | | |
| $1.00\times10^{23}$ | 5.6169 | 15051 | 7.50 | 0.149 | 15058 | 7.55 | 0.150 | 15059 | 7.56 | 0.150 | 15060 | 7.56 | 0.150 | 15063 | 7.58 | 0.150 | 15038 | 15038 | 7.47 | 0.149 |
| $3.00\times10^{23}$ | 3.8944 | 15013 | 7.21 | 0.144 | 15032 | 7.33 | 0.146 | 15036 | 7.36 | 0.146 | 15038 | 7.37 | 0.147 | 15045 | 7.41 | 0.147 | | | | |
| $5.00\times10^{23}$ | 3.2848 | 14977 | 6.93 | 0.139 | 15006 | 7.12 | 0.142 | 15013 | 7.16 | 0.143 | 15017 | 7.18 | 0.143 | 15028 | 7.24 | 0.144 | 15003 | 15002 | 7.10 | 0.143 |
| $6.43\times10^{23}$ | 3.0206 | 14952 | 6.73 | 0.135 | 14988 | 6.96 | 0.139 | 14997 | 7.01 | 0.140 | 15001 | 7.04 | 0.141 | 15015 | 7.11 | 0.142 | | | | |
| $7.56\times10^{23}$ | 2.8619 | 14932 | 6.56 | 0.132 | 14974 | 6.83 | 0.137 | 14984 | 6.89 | 0.138 | 14989 | 6.92 | 0.138 | 15005 | 7.00 | 0.140 | | | | |
| $8.50\times10^{23}$ | 2.7523 | 14915 | 6.42 | 0.130 | 14961 | 6.71 | 0.135 | 14973 | 6.78 | 0.136 | 14978 | 6.81 | 0.137 | 14996 | 6.91 | 0.138 | | | | |
| $9.30\times10^{23}$ | 2.6710 | 14901 | 6.30 | 0.128 | 14951 | 6.62 | 0.133 | 14963 | 6.69 | 0.134 | 14969 | 6.72 | 0.135 | 14988 | 6.83 | 0.137 | | | | |
| $1.00\times10^{24}$ | 2.6071 | 14888 | 6.19 | 0.126 | 14941 | 6.53 | 0.131 | 14955 | 6.61 | 0.133 | 14961 | 6.64 | 0.133 | 14982 | 6.75 | 0.135 | 14961 | 14958 | 6.80 | 0.137 |
| $1.41\times10^{24}$ | 2.3250 | 14815 | 5.50 | 0.113 | 14886 | 5.95 | 0.121 | 14904 | 6.06 | 0.123 | 14913 | 6.11 | 0.124 | 14941 | 6.27 | 0.126 | | | | |
| $1.73\times10^{24}$ | 2.1716 | 14754 | 4.87 | 0.101 | 14841 | 5.43 | 0.111 | 14863 | 5.56 | 0.113 | 14873 | 5.63 | 0.114 | 14907 | 5.82 | 0.118 | | | | |
| $2.00\times10^{24}$ | 2.0692 | 14701 | 4.28 | 0.089 | 14801 | 4.93 | 0.101 | 14826 | 5.08 | 0.104 | 14838 | 5.16 | 0.105 | 14877 | 5.38 | 0.109 | | | | |
| $2.21\times10^{24}$ | 2.0015 | | | | 14769 | 4.49 | 0.093 | 14796 | 4.67 | 0.096 | 14810 | 4.75 | 0.097 | 14852 | 4.99 | 0.102 | 14908 | | | |

注：1. 数字 100、400、700 和 1000 表示电子温度（eV）。

2. UEGISM 表示用均匀电子气离子球模型所计算的结果。

3. 跃迁能 $E$ 的单位为 $1000cm^{-1}$，跃迁概率 $A$ 的单位为 $10^{12}s^{-1}$，振子强度 $gf$ 为一无量纲的代数量。

**表 5.4　热稠密等离子体中类氦铝离子 $1s^2$ ($^1S^e$) - $1s4p$ ($^1P^o$) 的跃迁能、跃迁概率和振子强度**

| $n_f$ ($cm^{-3}$) | $R_0$ (a. u.) | 100 | | | 400 | | | 700 | | | 1000 | | | UEGISM | | | 文献 [53] | 文献 [54] | | |
|---|---|---|---|---|---|---|---|---|---|---|---|---|---|---|---|---|---|---|---|---|
| | | $E$ | $A$ | $gf$ | $E$ | $A$ | $gf$ | $E$ | $A$ | $gf$ | $E$ | $A$ | $gf$ | $E$ | $A$ | $gf$ | $E$ | $E$ | $A$ | $gf$ |
| 0 | ∞ | 15837 | 3.16 | 0.0566 | 15837 | 3.16 | 0.0566 | 15837 | 3.16 | 0.0566 | 15837 | 3.16 | 0.0566 | 15837 | 3.16 | 0.0566 | | | | |
| $2.21\times10^{21}$ | 20.0000 | 15835 | 3.15 | 0.0565 | 15836 | 3.15 | 0.0565 | 15836 | 3.15 | 0.0565 | 15836 | 3.15 | 0.0565 | 15836 | 3.15 | 0.0565 | 15811 | | | |
| $5.00\times10^{21}$ | 15.2467 | 15834 | 3.14 | 0.0563 | 15835 | 3.14 | 0.0564 | 15835 | 3.15 | 0.0564 | 15835 | 3.15 | 0.0564 | 15835 | 3.15 | 0.0565 | | | | |
| $1.00\times10^{22}$ | 12.1012 | 15831 | 3.12 | 0.0561 | 15833 | 3.13 | 0.0562 | 15833 | 3.13 | 0.0562 | 15833 | 3.14 | 0.0563 | 15834 | 3.14 | 0.0563 | | | | |
| $1.77\times10^{22}$ | 10.0000 | 15827 | 3.10 | 0.0557 | 15830 | 3.12 | 0.0559 | 15830 | 3.12 | 0.0560 | 15831 | 3.12 | 0.0560 | 15832 | 3.12 | 0.0560 | 15806 | | | |
| $5.00\times10^{22}$ | 7.0768 | 15809 | 3.01 | 0.0541 | 15817 | 3.04 | 0.0547 | 15819 | 3.05 | 0.0548 | 15820 | 3.05 | 0.0548 | 15822 | 3.06 | 0.0550 | | | | |
| $8.00\times10^{22}$ | 6.0506 | 15793 | 2.92 | 0.0526 | 15806 | 2.97 | 0.0535 | 15808 | 2.98 | 0.0537 | 15809 | 2.99 | 0.0537 | 15813 | 3.00 | 0.0540 | | | | |
| $1.00\times10^{23}$ | 5.6169 | 15783 | 2.86 | 0.0516 | 15798 | 2.92 | 0.0527 | 15801 | 2.93 | 0.0529 | 15803 | 2.94 | 0.0530 | 15808 | 2.96 | 0.0532 | 15782 | 15782 | 2.93 | 0.053 |
| $2.32\times10^{23}$ | 4.2427 | 15714 | 2.43 | 0.0442 | 15746 | 2.56 | 0.0464 | 15753 | 2.59 | 0.0469 | 15756 | 2.60 | 0.0471 | 15766 | 2.63 | 0.0477 | | | | |
| $3.00\times10^{23}$ | 3.8944 | 15677 | 2.15 | 0.0394 | 15717 | 2.32 | 0.0423 | 15726 | 2.36 | 0.0429 | 15730 | 2.37 | 0.0431 | 15743 | 2.42 | 0.0439 | | | | |
| $3.46\times10^{23}$ | 3.7136 | 15651 | 1.94 | 0.0356 | 15696 | 2.13 | 0.0390 | 15706 | 2.18 | 0.0397 | 15711 | 2.19 | 0.0400 | 15726 | 2.25 | 0.0409 | | | | |
| $3.80\times10^{23}$ | 3.5996 | 15631 | 1.76 | 0.0324 | 15681 | 1.98 | 0.0362 | 15692 | 2.03 | 0.0370 | 15697 | 2.05 | 0.0374 | 15713 | 2.11 | 0.0384 | | | | |
| $4.10\times10^{23}$ | 3.5095 | 15612 | 1.60 | 0.0295 | 15666 | 1.83 | 0.0336 | 15678 | 1.88 | 0.0345 | 15684 | 1.90 | 0.0348 | 15701 | 1.97 | 0.0359 | | | | |
| $4.32\times10^{23}$ | 3.4488 | | | | 15655 | 1.72 | 0.0315 | 15668 | 1.77 | 0.0325 | 15674 | 1.80 | 0.0329 | 15692 | 1.86 | 0.0339 | | | | |
| $4.50\times10^{23}$ | 3.4022 | | | | 15646 | 1.62 | 0.0298 | 15660 | 1.68 | 0.0308 | 15666 | 1.70 | 0.0312 | 15684 | 1.76 | 0.0322 | | | | |

注：1. 数字 100、400、700 和 1000 表示电子温度（eV）。
2. UEGISM 表示用均匀电子气离子球模型所计算的结果。
3. 跃迁能 $E$ 的单位为 $1000cm^{-1}$，跃迁概率 $A$ 的单位为 $10^{12}s^{-1}$，振子强度 $gf$ 为一无量纲的代数量。

以 $1s^2$（$^1S^e$）- 1s3p（$^1P^o$）跃迁为例，讨论自由电子密度和电子温度对线强度的影响。表 5.5 所示的是类氦铝离子 $1s^2$（$^1S^e$）- 1s3p（$^1P^o$）跃迁在自由电子密度分别为 0 $cm^{-3}$、$1.0\times10^{22}$ $cm^{-3}$、$1.0\times10^{23}$ $cm^{-3}$、$1.0\times10^{24}$ $cm^{-3}$、$2.0\times10^{24}$ $cm^{-3}$和电子温度分别为 100 eV、1000 eV、∞（UEGISM）时的线强度。从表 5.5 可以看出：当电子温度一定时，线强度随自由电子密度的升高而减小。这是因为随着自由电子密度的升高，3p-和 3p 次壳层上的束缚电子感受到的有效核势比 1s 次壳层上的束缚电子感受到的有效核势下降得更快，3p-和 3p 次壳层上的束缚电子在较大轨道上运动的概率比相应的 1s 次壳层上的束缚电子在较大轨道上运动的概率增加得快的多。因此，束缚电子在 1s 次壳层与 3p-或者 3p 次壳层间的跃迁积分随自由电子密度的升高而不断下降，即跃迁矩阵元的平方不断减小，从而导致初末原子态间跃迁的线强度下降。从表 5.5 还可以看出：当自由电子密度一定时，线强度随电子温度的升高而增加，并趋近于 UEGISM 的结果。其原因是 3p-和 3p 次壳层上的束缚电子感受到的有效核势随电子温度的升高而升高，因而 3p-和 3p 次壳层上的束缚电子在较小轨道上运动的概率增加，但是 1s 次壳层上的束缚电子运动的轨道半径几乎不随电子温度变化，从而导致束缚电子在 1s 与 3p-或者 3p 次壳层间的跃迁积分逐渐增加，最终引起不同原子态间跃迁矩阵元的增大，即线强度的增加。总之，线强度随自由电子密度和电子温度的变化趋势与跃迁能的相同，即当电子温度一定时，线强度随自由电子密度的升高而迅速减小；当自由电子密度一定时，线强度随电子温度的升高而缓慢增加，并逐渐接近于 UEGISM 的结果。结合（5.4）式和（5.5）式可知：跃迁概率和振子强度随自由电子密度和电子温度的变化是由跃迁能和单电子跃迁积分（线强度）的变化共同决定的。

当自由电子密度分别为 $1.0\times10^{23}$ $cm^{-3}$、$5.0\times10^{23}$ $cm^{-3}$、$1.0\times10^{24}$ $cm^{-3}$时，基于 UEGISM 所计算的 $1s^2$（$^1S^e$）- 1s3p（$^1P^o$）的跃迁概率分别为 $7.58\times10^{12}$ $s^{-1}$、$7.24\times10^{12}$ $s^{-1}$、$6.75\times10^{12}$ $s^{-1}$，振子强度分别为 0.150、0.144、0.135。Sil 等[54]基于非相对论方法，结合 UEGISM 所计算的 $1s^2$（$^1S^e$）- 1s3p（$^1P^o$）跃迁在上述自由电子密度下对应的跃迁概率分别为 $7.47\times10^{12}$ $s^{-1}$、$7.10\times10^{12}$ $s^{-1}$、$6.80\times10^{12}$ $s^{-1}$，振子强度分别为 0.149、0.143、0.137。这表明本章的计算结果与 Sil 等的理论计算结果符合得比较好。

**表 5.5　热稠密等离子体中类氦铝离子 $1s^2$ ($^1S^e$) - $1s3p$ ($^1P^o$) 跃迁的线强度**

| | 0 | $1.0\times10^{22}$ | | | $1.0\times10^{23}$ | | | $1.0\times10^{24}$ | | | $2.0\times10^{24}$ | | |
|---|---|---|---|---|---|---|---|---|---|---|---|---|---|
| | | 100 | 1000 | UEGISM | 100 | 1000 | UEGISM | 100 | 1000 | UEGISM | 100 | 1000 | UEGISM |
| $S$ | 0.00331 | 0.00330 | 0.00330 | 0.00331 | 0.00325 | 0.00327 | 0.00328 | 0.00279 | 0.00294 | 0.00299 | 0.00226 | 0.00253 | 0.00260 |

注：1. 数字0、$1.0\times10^{22}$、$1.0\times10^{23}$、$1.0\times10^{24}$和$2.0\times10^{24}$表示自由电子密度（$cm^{-3}$）。

2. 数字100和1000表示电子温度（eV）。

3. UEGISM表示用均匀电子气离子球模型所计算的结果。

4. 线强度$S$的单位为任意单位。

## 5.3 小结

本章研究了热稠密等离子体中类氦铝离子的跃迁参数随自由电子密度和电子温度的变化规律，并将自洽场离子球模型（SCFISM）的计算结果与均匀电子气离子球模型（UEGISM）的计算结果进行了比较。结果表明：即使对于只有两个束缚电子的类氦铝离子，束缚电子间的关联效应依然非常重要；当电子温度一定时，基于 SCFISM 所计算的跃迁能随自由电子密度的升高而快速下降；但当自由电子密度一定时，基于 SCFISM 所计算的跃迁能随电子温度的升高而缓慢上升并逐渐趋近于 UEGISM 的结果；不同原子态间的跃迁对应的单电子跃迁积分随自由电子密度和电子温度的变化趋势与跃迁能相同，而跃迁概率和振子强度是由跃迁能和单电子跃迁积分共同决定的，从而可知跃迁概率和振子强度随自由电子密度和电子温度的变化趋势也与跃迁能相似。

本章所计算的真空条件下的跃迁能和跃迁概率与 NIST 的推荐值符合得非常好，但所计算的等离子体中的跃迁能与其他理论计算结果存在一定的差异，这是在真空条件下所计算的值存在的差异造成的。而本章所计算的真空条件下和等离子体中的跃迁概率和振子强度均与其他理论计算结果符合得很好，因此，本章所计算的结果更准确，能为等离子体诊断提供精确的数据支持。

# 第6章　类氦氩离子的能级精细结构

## 6.1　理论方法

本章所用的理论方法与第3章中介绍的理论方法基本上是相似的，采用了均匀电子气离子球模型（UEGISM）描述稠密等离子体的环境效应，即束缚电子所感受到的有效核势表达式为

$$V_{\mathrm{eff}}(r)=\frac{Z}{r}-\frac{Z-N_{\mathrm{b}}}{2R_0}\left[3-\left(\frac{r}{R_0}\right)^2\right] \tag{6.1}$$

式中，$r$ 为到原子核的距离；$Z$ 为核电荷数；$R_0$ 为离子球半径；$N_{\mathrm{b}}$ 为束缚电子数。同时，径向波函数的大、小分量 $P_{nk}(r)$ 和 $Q_{nk}(r)$ 须满足以下边界条件和归一化条件：

$$X(0)=0,\quad X(r)=0\quad (X=P_{nk}\text{ 或 }X=Q_{nk},r>R_0) \tag{6.2}$$

$$\int_0^{R_0}(P_{nk}^2(r)+Q_{nk}^2(r))\mathrm{d}r=1 \tag{6.3}$$

本章中用于描述刚球约束效应的理论方法，除（6.1）式等号右边的第二项为零外，其余部分与UEGISM的完全一致，不赘述。

## 6.2　结果与讨论

### 6.2.1　自由类氦氩离子的能级精细结构

本章用MCDF方法描述相对论效应和束缚电子间的关联效应。原子态波函数（ASFs）是由具有相同宇称和角动量的组态波函数（CSFs）线性组合而成，而CSFs则由双激发参考组态占据轨道上的束缚电子至非占据轨道而得到，即将 $1s^2$ 和 1s2p 组态上的束缚电子双激发至 $nl$（$n=1,2$；l=s,p）轨道而建立组态波函数序列。表6.1所示的是自由类氦氩离子 $1s^2$、1s2s 和 1s2p 原子态的能量和能级。从表6.1可以看出：我们所计算的 1s2s 和 1s2p 原子态的能级与NIST的推荐值[102]符合得非常好。另外，必须指出的是：在这里，束缚电子间的关联效应考虑得可能不够充分。其原因如下：在计算

稠密等离子体中类氦氩离子的原子结构时，若自由电子密度大于 $9.39\times10^{24}$ $cm^{-3}$（$R_0<$ 1.4 a.u.），则由于刚球的约束，参考组态占据轨道上的束缚电子不能激发至非占据轨道，如 3l（l=s,p,d）轨道。等离子体中和真空条件下的 CSFs 必须相同，否则所估算的等离子体环境对原子结构的屏蔽效应是无意义的。因此，仅用 $nl$（$n$=1,2；l=s,p）轨道组建的组态波函数序列可能不够完备，不能够充分考虑束缚电子间的关联效应。

**表 6.1　自由类氦氩离子 $1s^2$、1s2s 和 1s2p 原子态的能量和能级**

| 原子态 | 谱项 | $J$ | $E$（a.u.） | $E_l$（$cm^{-1}$） | | 误差 |
|---|---|---|---|---|---|---|
| | | | | 本章 | 文献[102] | |
| $1s^2$ | $^1S^e$ | 0 | −314.1518215 | 0 | 0 | 0 |
| 1s2s | $^3S^e$ | 1 | −200.0611286 | 25040012 | 25036648 | 0.013 |
| | $^1S^e$ | 0 | −199.3047447 | 25206019 | 25200962 | 0.020 |
| 1s2p | $^3P^o$ | 0 | −199.3914879 | 25186981 | 25187806 | 0.003 |
| | $^3P^o$ | 1 | −199.3498879 | 25196111 | 25193007 | 0.012 |
| | $^3P^o$ | 2 | −199.2427388 | 25219628 | 25215229 | 0.017 |
| | $^1P^o$ | 1 | −198.7390167 | 25330182 | 25322441 | 0.031 |

注：误差表示本章的计算结果与 NIST 的推荐值的相对误差。

### 6.2.2　刚球约束（非等离子体环境）下类氦氩离子的能级精细结构

表 6.2 所示的是刚球约束下类氦氩离子 $1s^2$、1s2s 和 1s2p 原子态的能量。从表 6.2 可以看出：所有能量随刚球半径的减小缓慢地向连续态方向移动。也就是说，所有原子态的能量随刚球半径的减小而缓慢升高。这与其他受约束的双电子体系的报道结果[108-111]一致。

**表 6.2　刚球约束下类氦氩离子 $1s^2$、1s2s 和 1s2p 原子态的能量**

| $R_0$(a.u.) | $E$（a.u.） | | | | | | |
|---|---|---|---|---|---|---|---|
| | $1s^2$（$^1S_0$） | 1s2s（$^3S_1$） | 1s2s（$^1S_0$） | 1s2p（$^3P_0$） | 1s2p（$^3P_1$） | 1s2p（$^3P_2$） | 1s2p（$^1P_1$） |
| ∞ | −314.1518215 | −200.0611286 | −199.3047447 | −199.3914879 | −199.3498879 | −199.2427388 | −198.7390167 |
| 1.8 | −314.1518215 | −200.0611286 | −199.3047447 | −199.3914879 | −199.3498879 | −199.2427388 | −198.7390167 |
| 1.7 | −314.1518215 | −200.0611285 | −199.3047446 | −199.3914877 | −199.3498878 | −199.2427388 | −198.7390167 |
| 1.6 | −314.1518215 | −200.0611279 | −199.3047439 | −199.3914873 | −199.3498874 | −199.2427384 | −198.7390164 |
| 1.5 | −314.1518215 | −200.0611259 | −199.3047417 | −199.3914866 | −199.3498866 | −199.2427373 | −198.7390152 |
| 1.4 | −314.1518213 | −200.0611192 | −199.3047340 | −199.3914835 | −199.3498833 | −199.2427336 | −198.7390112 |
| 1.3 | −314.1518209 | −200.0610945 | −199.3047057 | −199.3914721 | −199.3498714 | −199.2427199 | −198.7389967 |
| 1.2 | −314.1518201 | −200.0610096 | −199.3046062 | −199.3914337 | −199.3498308 | −199.2426726 | −198.7389460 |
| 1.1 | −314.1518192 | −200.0607308 | −199.3042702 | −199.3913088 | −199.3496981 | −199.2425146 | −198.7387746 |
| 1.0 | −314.1518179 | −200.0598667 | −199.3031905 | −199.3909273 | −199.3492874 | −199.2420116 | −198.7382207 |

**续表6.2**

| $R_0$(a. u.) | $E$ (a. u.) | | | | | | |
|---|---|---|---|---|---|---|---|
| | $1s^2$ ($^1S_0$) | 1s2s ($^3S_1$) | 1s2s ($^1S_0$) | 1s2p ($^3P_0$) | 1s2p ($^3P_1$) | 1s2p ($^3P_2$) | 1s2p ($^1P_1$) |
| 0.9 | −314.1518143 | −200.0573415 | −199.2998848 | −199.3898485 | −199.3481046 | −199.2405000 | −198.7365283 |
| 0.8 | −314.1518094 | −200.0509506 | −199.2907877 | −199.3871251 | −199.3450226 | −199.2362855 | −198.7316666 |
| 0.7 | −314.1518017 | −200.0364787 | −199.2675312 | −199.3813327 | −199.3380533 | −199.2255825 | −198.7188170 |

图 6.1 所示的是刚球约束下类氦氩离子 1s2s 和 1s2p 原子态的能级。从图 6.1 可以看出：刚球约束下类氦氩离子的能级序列与自由离子的能级序列相同（自由离子的能级序列见表 6.1），但是所有能级均发生了轻微移动。为了更加清楚地显示能级的变化情况，这里定义了能级移动量，即能级移动量是刚球约束下的能级与自由态能级的差值。

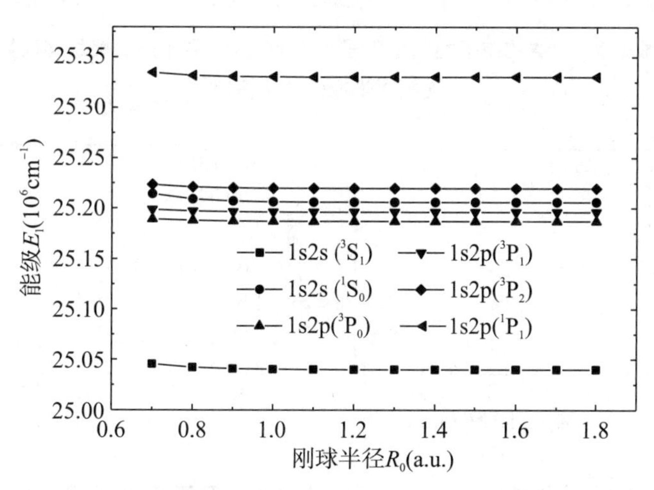


**图 6.1　刚球约束下类氦氩离子 1s2s 和 1s2p 原子态的能级**

图 6.2 所示的是刚球约束下类氦氩离子 1s2s 和 1s2p 原子态的能级移动量随刚球半径的变化情况。从图 6.2 可以看出：所有能级均向上移动，刚球半径越小，能级移动量越大。其原因可以从表 6.2 和图 6.3 看出，即随着刚球半径的减小，$1s^2$ 原子态的能量几乎不变，而 1s2s 和 1s2p 原子态的能量逐渐升高［1s2s（$^1S_0$）和 1s2p（$^3P_{0,1,2}$，$^1P_1$）原子态的能量随刚球半径的变化趋势与 1s2s（$^3S_1$）的完全相同］，从而导致能级移动量不断增大。另外，之所以没有计算 $1s^2$（$^1S_0$）、1s2s（$^1S_0$，$^3S_1$）和 1s2p（$^1P_1$，$^3P_{0,1,2}$）原子态在刚球半径小于 0.7 a.u. 时的能量，是因为当刚球半径小于 0.7 a.u. 时，我们的程序所计算的数据不再稳定，即所计算的数据随步长的变化而变化；而计算的数据必须对不同的步长是稳定的，否则所计算的数据是不可靠的。

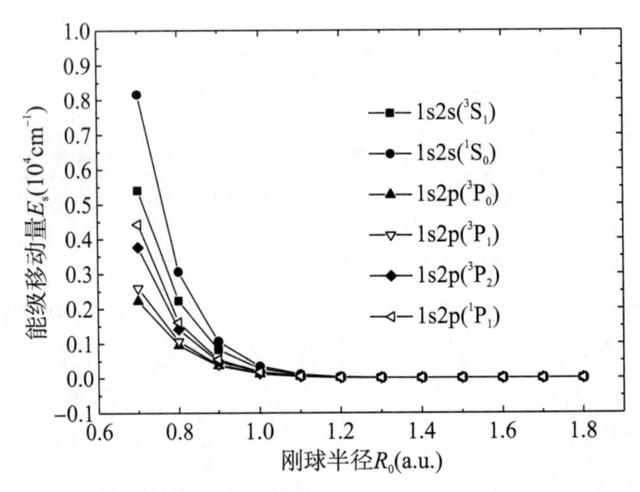


**图 6.2 刚球约束下类氦氩离子 1s2s 和 1s2p 原子态的能级移动量随刚球半径的变化情况**

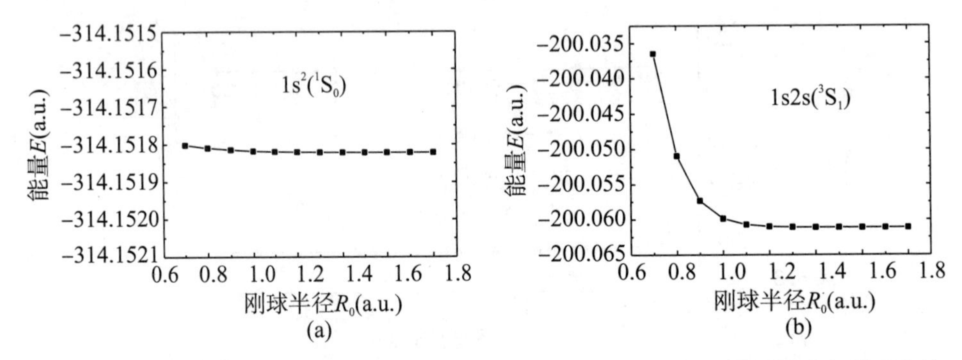


**图 6.3 刚球约束下类氦氩离子 1s² （¹S₀） 和 1s2s （³S₁） 原子态的能量随刚球半径的变化情况**

从图 6.1 还可以看出：相邻能级间的间距随刚球半径的减小而发生了轻微的变化。为了更清楚地探究能级间距随刚球半径的变化情况，这里定义了能级间距移动量，即能级间距移动量是刚球约束下的能级间距与自由态能级间距的差值。图 6.4 所示的是刚球约束下类氦氩离子 1s2s 和 1s2p 原子态的能级间距移动量随刚球半径的变化情况。其中，1s2s （$^3S_1$）、1s2s （$^1S_0$）、1s2p （$^3P_0$）、1s2p （$^3P_1$）、1s2p （$^3P_2$） 和 1s2p （$^1P_1$） 分别表示 1s2s （$^3S_1$） 与 $1s^2$ （$^1S_0$）、1s2s （$^1S_0$） 与 1s2p （$^3P_1$）、1s2p （$^3P_0$） 与 1s2s （$^3S_1$）、1s2p （$^3P_1$） 与 1s2p （$^3P_0$）、1s2p （$^3P_2$） 与 1s2s （$^1S_0$） 和 1s2p （$^1P_1$） 与 1s2p （$^3P_2$） 间的能级间距移动量。从图 6.4 可以看出：当刚球半径逐渐减小时，1s2s （$^3S_1$） 与其下面相邻的 $1s^2$ （$^1S_0$） 能级间的间距和 1s2s （$^1S_0$） 与其下面相邻的 1s2p （$^3P_1$） 能级间的间距增加较为显著；1s2p （$^3P_1$） 与其下面相邻的 1s2p （$^3P_0$） 能级间的间距和 1s2p （$^1P_1$） 与其下面相邻的 1s2p （$^3P_2$） 能级间的间距增加较为轻微；1s2p （$^3P_0$） 与其下面相邻的 1s2s （$^3S_1$） 能级间的间距和 1s2p （$^3P_2$） 与其下面相邻的 1s2s （$^1S_0$） 能级间的间距却在显著减小。总之，刚球约束下不同原子态间的能级间距移动情况各不相同，没有确定的规律。从上面的分析可得出如下的结论：刚球约束对类氦氩离子能级精细结构的影响随刚球半径的减小而不断增强。

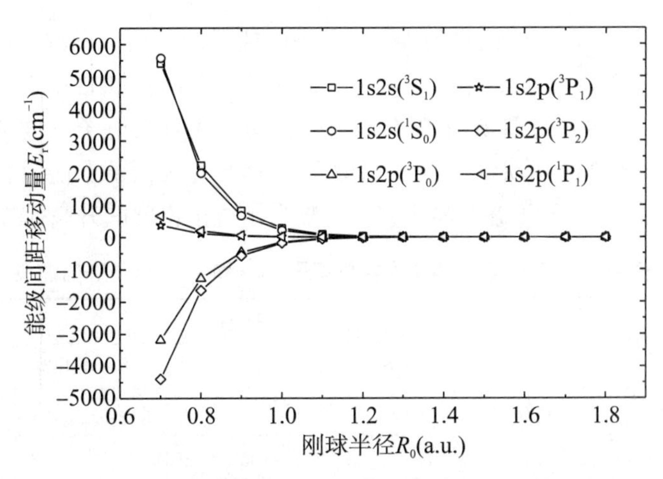


**图 6.4　刚球约束下类氦氩离子 1s2s 和 1s2p 原子态的能级间距移动量随刚球半径的变化情况**

## 6.2.3　稠密等离子体中类氦氩离子的能级精细结构

表 6.3 所示的是稠密等离子体中类氦氩离子 $1s^2$、1s2s 和 1s2p 原子态的能量。通过比较表 6.2 和表 6.3 的数据可知：刚球约束对能量增大的贡献较小，而自由电子屏蔽使得能量大大升高。

**表 6.3　稠密等离子体中类氦氩离子 $1s^2$、1s2s 和 1s2p 原子态的能量**

| $R_0$(a. u.) | $n_f$ (cm$^{-3}$) | $E$ (a. u.) | | | | | | |
|---|---|---|---|---|---|---|---|---|
| | | $1s^2$ ($^1S_0$) | 1s2s ($^3S_1$) | 1s2s ($^1S_0$) | 1s2p ($^3P_0$) | 1s2p ($^3P_1$) | 1s2p ($^3P_2$) | 1s2p ($^1P_1$) |
| 5.0 | $2.06\times10^{23}$ | −304.55303 | −190.47044 | −189.71437 | −189.79847 | −189.75689 | −189.64978 | −189.14630 |
| 3.0 | $9.55\times10^{23}$ | −298.15743 | −184.10429 | −183.34937 | −183.42388 | −183.38237 | −183.27543 | −182.77266 |
| 2.0 | $3.22\times10^{24}$ | −290.17078 | −176.20717 | −175.45579 | −175.50115 | −175.45983 | −175.35341 | −174.85282 |
| 1.5 | $7.64\times10^{24}$ | −282.19676 | −168.40910 | −167.66476 | −167.65285 | −167.61190 | −167.50650 | −167.01024 |
| 1.4 | $9.39\times10^{24}$ | −279.92137 | −166.20430 | −165.46281 | −165.42793 | −165.38714 | −165.28214 | −164.78766 |
| 1.3 | $1.17\times10^{25}$ | −277.29777 | −163.67521 | −162.93758 | −162.87194 | −162.83136 | −162.72692 | −162.23480 |
| 1.2 | $1.49\times10^{25}$ | −274.23958 | −160.74663 | −160.01434 | −159.90657 | −159.86627 | −159.76258 | −159.27376 |
| 1.1 | $1.94\times10^{25}$ | −270.62940 | −157.31927 | −156.59459 | −156.42755 | −156.38764 | −156.28499 | −155.80085 |
| 1.0 | $2.58\times10^{25}$ | −266.30348 | −153.26018 | −152.54660 | −152.29363 | −152.25427 | −152.15304 | −151.67585 |
| 0.9 | $3.54\times10^{25}$ | −261.02656 | −148.38965 | −147.69255 | −147.31076 | −147.27210 | −147.17262 | −146.70620 |
| 0.8 | $5.03\times10^{25}$ | −254.44825 | −142.46710 | −141.79430 | −141.21172 | −141.17378 | −141.07573 | −140.62665 |
| 0.7 | $7.52\times10^{25}$ | −246.02351 | −135.19378 | −134.55477 | −133.64706 | −133.60910 | −133.50946 | −133.08965 |

表 6.4 所示的是稠密等离子体中类氦氩离子 1s2s 和 1s2p 原子态的能级。图 6.5 所示的是稠密等离子体中类氦氩离子 1s2s 和 1s2p 原子态的能级随自由电子密度的变化情况。从图 6.5 可以看出：所有能级均随自由电子密度的升高而几乎呈线性降低。其原因如下：能级是指激发态能量与基态能量的差值，也就是说，1s2s 和 1s2p 原子态的能级

指的是 1s2s 和 1s2p 原子态的能量与 $1s^2$ 原子态的能量的差值。图 6.6 所示的是稠密等离子体中类氦氩离子 $1s^2$、1s2s 和 1s2p 原子态的能量移动量随自由电子密度的变化情况。从图 6.6 可以看出：尽管所有原子态能量移动量随自由电子密度的升高而不断升高，但是 $1s^2$ 原子态能量移动量升高的幅度总是大于其他原子态能量移动量升高的幅度。所以，1s2s 和 1s2p 原子态的能级移动量随自由电子密度的升高而逐渐降低。

**表 6.4　稠密等离子体中类氦氩离子 1s2s 和 1s2p 原子态的能级**

| $R_0$ (a.u.) | $n_f$ ($cm^{-3}$) | $E_l$ ($cm^{-1}$) | | | | | |
|---|---|---|---|---|---|---|---|
| | | 1s2s ($^3S_1$) | 1s2s ($^1S_0$) | 1s2p ($^3P_0$) | 1s2p ($^3P_1$) | 1s2p ($^3P_2$) | 1s2p ($^1P_1$) |
| 5.0 | $2.06\times10^{23}$ | 25038234 | 25204172 | 25185715 | 25194841 | 25218348 | 25328850 |
| 3.0 | $9.55\times10^{23}$ | 25031773 | 25197457 | 25181103 | 25190216 | 25213685 | 25324031 |
| 2.0 | $3.22\times10^{24}$ | 25012120 | 25177029 | 25167073 | 25176143 | 25199500 | 25309367 |
| 1.5 | $7.64\times10^{24}$ | 24973503 | 25136868 | 25139482 | 25148469 | 25171602 | 25280518 |
| 1.4 | $9.39\times10^{24}$ | 24958013 | 25120751 | 25128407 | 25137360 | 25160403 | 25268930 |
| 1.3 | $1.17\times10^{25}$ | 24937270 | 25099161 | 25113567 | 25122474 | 25145396 | 25253403 |
| 1.2 | $1.49\times10^{25}$ | 24908824 | 25069543 | 25093196 | 25102040 | 25124797 | 25232081 |
| 1.1 | $1.94\times10^{25}$ | 24868697 | 25027747 | 25064408 | 25073167 | 25095695 | 25201952 |
| 1.0 | $2.58\times10^{25}$ | 24810138 | 24966749 | 25022269 | 25030907 | 25053126 | 25157857 |
| 0.9 | $3.54\times10^{25}$ | 24720946 | 24873940 | 24957735 | 24966218 | 24988052 | 25090419 |
| 0.8 | $5.03\times10^{25}$ | 24577022 | 24724685 | 24852546 | 24860874 | 24882393 | 24980955 |
| 0.7 | $7.52\times10^{25}$ | 24324313 | 24464559 | 24663780 | 24672110 | 24693979 | 24786115 |

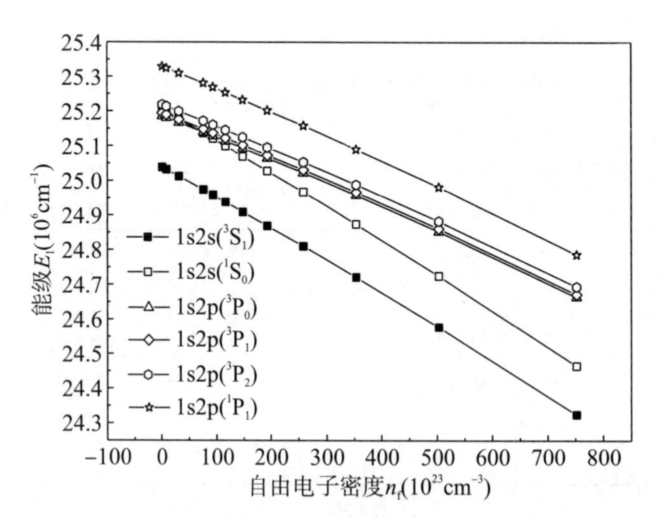


**图 6.5　稠密等离子体中类氦氩离子 1s2s 和 1s2p 原子态的能级随自由电子密度的变化情况**

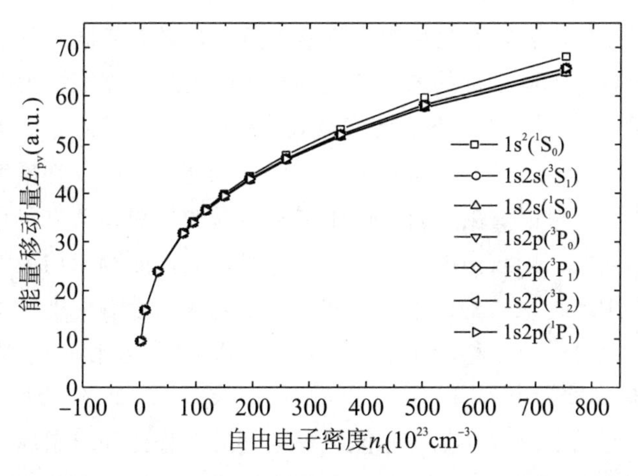


**图 6.6　稠密等离子体中类氦氩离子** 1s$^2$、1s2s **和** 1s2p **原子态的能量移动量随自由电子密度的变化情况**

从图 6.5 还可以看到能级交叉现象，即当 $n_f \leqslant 3.22\times10^{24}$ cm$^{-3}$（$R_0 \geqslant 2.0$ a.u.）时，1s2s（$^1S_0$）原子态的能级高于 1s2p（$^3P_{0,1}$）原子态的能级，然而当 $n_f \geqslant 7.64\times10^{24}$ cm$^{-3}$（$R_0 \leqslant 1.5$ a.u.）时，1s2s（$^1S_0$）原子态的能级却低于 1s2p（$^3P_{0,1}$）原子态的能级。能级交叉现象可以用图 6.7 来解释：当 $n_f \geqslant 7.64\times10^{24}$ cm$^{-3}$（$R_0 \leqslant 1.5$ a.u.）时，1s2s（$^1S_0$）原子态的能级移动（降低）量大于 1s2p（$^3P_{0,1}$）原子态的能级移动（降低）量，故导致 1s2s（$^1S_0$）原子态的能级从 1s2p（$^3P_{0,1}$）原子态的能级的上面转移至其下面。能级交叉现象表明：当 $3.22\times10^{24}$ cm$^{-3} < n_f < 7.64\times10^{24}$ cm$^{-3}$（1.5 a.u.$< R_0 <$2.0 a.u.）时，类氦氩离子 1s2s（$^1S_0$）原子态和 1s2p（$^3P_{0,1}$）原子态的能级在某个自由电子密度处发生了偶然简并[112]，然后在这三个原子态间发生了能级交叉现象。另外，也在其他体系中发现了这样的偶然简并和随后的能级交叉现象，如球形约束 $H^-$ 离子[113]和 He 原子[114]、量子点中的 $He^+$ 离子[115]和强耦合等离子体中的类氦离子等。

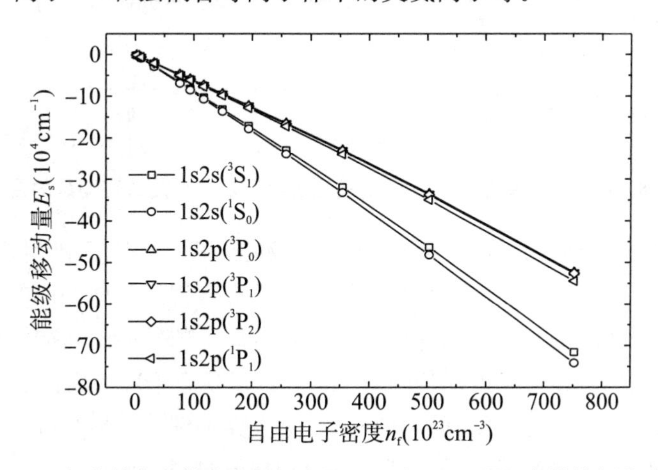


**图 6.7　稠密等离子体中类氦氩离子** 1s2s **和** 1s2p **原子态的能级移动量随自由电子密度的变化情况**

从图 6.5 还可以看出：随着自由电子密度的升高，具有相同宇称的原子态间的能级间距逐渐减小，但具有不同宇称的原子态间的能级间距却是逐渐增大的。也就是说，随着自由电子密度的升高，1s2s（$^3S_1$）与 1s2s（$^1S_0$）、1s2p（$^3P_{0,1,2}$）与 1s2p（$^1P_1$）的能级间距逐渐减小，而 1s2s（$^1S_0$）与 1s2p（$^3P_0$）的能级间距却在增大。

从图 6.2 和图 6.7 可以看出：自由电子屏蔽引起的能级移动方向和刚球约束引起的能级移动方向是不同的，即自由电子屏蔽引起能级降低，而刚球约束引起能级升高。因此，这里讨论一下刚球约束对稠密等离子体中离子能级的影响程度。图 6.8 所示的是刚球约束引起的类氦氩离子能级移动量占总能级移动量的百分比，$E_{sh}$是刚球约束引起的能级移动量，$E_{st}$是刚球约束和自由电子屏蔽共同引起的总能级移动量。从图 6.8 可以看出：刚球约束引起的能级移动量占总能级移动量的百分比随离子球半径的减小（自由电子密度的升高）而逐渐增加。当离子球半径为 0.7 a.u.（自由电子密度为 $7.52\times10^{25}$ $cm^{-3}$）时，刚球约束的贡献率达到 1.1%。若离子球半径进一步减小，刚球约束的贡献率将更大。因此，我们可以得出如下结论：对于稠密等离子体中的类氦氩离子，当自由电子密度相对较低时，刚球约束对其能级精细结构的影响比较小，一般情况下可以忽略；但当自由电子密度相对较高时，刚球约束对其能级精细结构的影响比较大，不可以忽略。

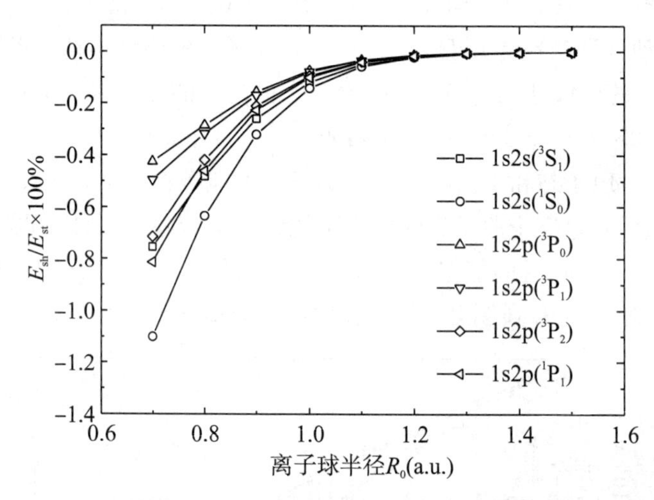


**图 6.8　刚球约束引起的类氦氩离子能级移动量占总能级移动量的百分比**

如果要求离子球外面的径向波函数值逐渐衰减至零，则不存在刚性约束而存在贯穿约束。目前使用最为广泛的径向波函数边界条件是直接将离子球外面的径向波函数值设置为零。这两种径向波函数边界条件均有缺陷：将离子球外面的径向波函数值直接设置为零的边界条件相当于离子球外面的静电势为∞，但是离子球外面的实际电势是等于零的；离子球外面的径向波函数值逐渐衰减至零的边界条件将不能很好地维持整个离子球的电中性状态，因为此时束缚电子是可以运动到离子球外面的。在第 10 章中将讨论如何既允许束缚电子隧穿至离子球外面，又能维持整个离子球呈电中性状态。

## 6.3 小结

本章分别计算了在刚球约束下（无自由电子）和稠密等离子体中（刚球约束和自由电子屏蔽共同作用）类氦氩离子 1s2s 和 1s2p 原子态的能级精细结构。结果表明：仅存在刚球约束时，所有原子态的能量均向连续态方向移动，所有能级均向上移动，不同宇称的原子态间的能级间距变化情况不同；随着刚球半径的减小，刚球约束效应不断增强。在稠密等离子体中，所有能级随自由电子密度的升高而不断降低；当 1s2s（$^1S_0$）和 1s2p（$^3P_{0,1}$）原子态还是有效的束缚态时，它们之间发生能级交叉现象；随着自由电子密度的升高，相同宇称的原子态间的能级间距逐渐减小，而不同宇称的原子态间的能级间距逐渐增大。通过比较刚球约束和自由电子屏蔽对稠密等离子体中类氦氩离子能级精细结构的影响程度可知：当自由电子密度相对较低（离子球半径较大）时，刚球约束的影响比较小，一般情况下可以忽略；但当自由电子密度相对较高（离子球半径较小）时，刚球约束的影响比较大，不可以忽略。

# 第7章　类氦离子 $2p^2$（$^3P^e$）- 1s2p（$^3P^e$）的跃迁参数

## 7.1　理论方法

第3章中详细介绍了计算原子结构的相对论方法，这里仅介绍非相对论方法。强耦合等离子体中双电子离子的非相对论哈密顿量为

$$H = \sum_{i=1}^{2}\left(-\frac{1}{2}\nabla_i^2 + V_{\mathrm{IS}}(r_i)\right) + \frac{1}{r_{12}} \tag{7.1}$$

式中，$r_i$ 为到原子核的距离；$V_{\mathrm{IS}}(r_i)$ 为包含等离子体屏蔽效应的势能项；$r_{12}$ 为两个电子间的距离。1s2p（$^3P^e$）和 $2p^2$（$^3P^e$）原子态的变分方程由文献［116］中给出的一般形式的方程得到。双电子系统波函数的一般形式采用文献［117］中的形式。对于1s2p（$^3P^e$）原子态，径向关联波函数满足所给的边界条件时，其形式如下：

$$\varphi(r_1, r_2, r_{12}) = (R_0 - r_1)(R_0 - r_2)\mathrm{e}^{-\rho_1 r_1 - \rho_2 r_2}\sum_{l\geqslant 1}\sum_{m\geqslant 0}\sum_{n\geqslant 0} C_{lmn} r_1^l r_2^m r_{12}^n \tag{7.2}$$

式中，$r_1, r_2$ 分别为两个电子到原子核的距离；$r_{12}$ 为两个电子间的距离；$\rho_1$ 和 $\rho_2$ 为表示径向关联效应的非线性参数；$C_{lmn}$ 为线性变分参数；$R_0$ 为离子球半径。同样的，对于 $2p^2$（$^3P^e$）原子态，相应的径向关联波函数的表达式如下：

$$\xi(r_1, r_2, r_{12}) = (R_0 - r_1)(R_0 - r_2)\mathrm{e}^{-\sigma_1 r_1 - \sigma_2 r_2}\sum_{l\geqslant 1}\sum_{m\geqslant 0}\sum_{n\geqslant 0} D_{lmn} r_1^l r_2^m r_{12}^n \tag{7.3}$$

式中，$r_1, r_2$ 分别为两个电子到原子核的距离；$r_{12}$ 为两个电子间的距离；$\sigma_1$ 和 $\sigma_2$ 为表示径向关联效应的非线性参数；$D_{lmn}$ 为线性变分参数；$R_0$ 为离子球半径。通过求解下面的方程可以求出能量和线性变分参数：

$$\boldsymbol{HC} = \boldsymbol{ESC} \tag{7.4}$$

式中，$\boldsymbol{H}$ 为哈密顿量矩阵；$\boldsymbol{S}$ 为重叠矩阵；$\boldsymbol{C}$ 为分别由（7.2）式和（7.3）式中的变分参数 $C_{lmn}$ 和 $D_{lmn}$ 所组成的列矩阵；$E$ 为能量，采用内尔德-米德（Nelder-Mead）算法[118]优化（7.2）式和（7.3）式中的非线性参数 $\rho$ 和 $\sigma$。

本章主要采用文献［53］中的方法计算双电子积分，该方法对于计算当前双激发态的双电子积分是适用的。在非相对论计算中，双电子积分的一般形式为

$$A(a,b,c;\alpha,\beta;R_0)=\int_0^{R_0} r_1^a e^{-\alpha r_1}\int_0^{R_0} r_2^b e^{-\beta r_2}\int_{|r_1-r_2|}^{r_1+r_2} r_{12}^c dr_{12}dr_2dr_1 \tag{7.5}$$

式中，参数 $(a,b,c)$ 分别采用① $a\geqslant 0,b\geqslant 0,c\geqslant 0$ 和② $a=-1,b\geqslant 0,c\geqslant 0$ [50]两套不同的取值。第①组参数用于求解 S-态（ss 组态）的能量，同时用不完全伽马（gamma）函数[53]计算双电子积分；第②组参数用于计算除第一种情况外的其他情形。对于单激发 P-态（sp 组态），双电子积分变为如下形式：

$$I(\alpha,\beta;R_0)=\int_0^{R_0}\frac{e^{-\alpha r_1}-e^{-(\alpha+\beta)r_1}}{r_1}dr_1 \tag{7.6}$$

文献［53］给出了（7.6）式中积分的详细计算过程。然而，文献［53］中的方法对于 $\alpha<\beta$ 的情形在用数值方法求解积分时是失效的。为了解决这个问题，我们将 $I(\alpha,\beta;R_0)$ 表示为

$$\begin{aligned}I(\alpha,\beta;R_0)&=\int_0^{R_0}\frac{e^{-\alpha r_1}-e^{-(\alpha+\beta)r_1}}{r_1}dr_1\\&=\int_0^{R_0}\frac{e^{-\beta r_1}}{r_1}[e^{-(\alpha-\beta)r_1}-e^{-\alpha r_1}]dr_1\\&=\sum_{q=1}^{\infty}(-1)^{q-1}\left[\frac{\alpha^q-(\alpha-\beta)^q}{q!}\right]\int_0^{R_0} r_1^{q-1}e^{-\beta r_1}dr_1\\&=\sum_{q=1}^{\infty}(-1)^{q-1}\left[\frac{\alpha^q-(\alpha-\beta)^q}{q!\beta^q}\right]\left(1-e^{-\beta R_0}\sum_{k=0}^{q-1}\frac{R_0^k\beta^k}{k!}\right)\end{aligned} \tag{7.7}$$

式中的振荡无穷级数对于 $\alpha<\beta$ 是收敛的。

## 7.2　结果与讨论

### 7.2.1　能量

表 7.1 所示的是类氦碳、氖、铝和氩离子 1s2p（$^3P^e$）和 $2p^2$（$^3P^e$）原子态在不同等离子体密度下的能量。对于 $2p^2$（$^3P^e$）和 1s2p（$^3P^e$）原子态，相对论能级分裂为 0、1、2 三个子能级。表 7.1 中的相对论能量是按照下式计算的三个子能级的统计平均值：

$$E_{\text{rel}}=\frac{\sum_J(2J+1)E_J}{\sum_J(2J+1)} \tag{7.8}$$

式中，$J$ 为总角量子数；$E_J$ 为总角量子数 $J$ 对应的能量。

表 7.1 类氦碳、氖、铝和氩离子 1s2p ($^3P^e$) 和 $2p^2$ ($^3P^e$) 原子态在不同等离子体密度下的能量

| 离子 | $R_0$ (a. u.) | $n_f$ ($cm^{-3}$) | 1s2p ($^3P^e$) | | | $2p^2$ ($^3P^e$) | | |
|---|---|---|---|---|---|---|---|---|
| | | | $E_{non\text{-}rel}$ | $E_{rel}$ | $\delta E$ | $E_{non\text{-}rel}$ | $E_{rel}$ | $\delta E$ |
| $C^{4+}$ | 20 | $8.06\times10^{20}$ | −20.6220 | −20.6312 | 0.0446 | −7.4552 | −7.4572 | 0.0268 |
| | 10 | $6.44\times10^{21}$ | −20.0241 | −20.0333 | 0.0459 | −6.8585 | −6.8605 | 0.0292 |
| | 5 | $5.16\times10^{22}$ | −18.8411 | −18.8503 | 0.0488 | −5.6854 | −5.6874 | 0.0352 |
| | 3 | $2.39\times10^{23}$ | −17.3060 | −17.3249 | 0.1091 | −4.1923 | −4.2023 | 0.2380 |
| | 2 | $8.06\times10^{23}$ | −15.3244 | −15.6160 | 1.8673 | −2.2620 | −2.5967 | 12.8894 |
| $Ne^{8+}$ | 20 | $1.61\times10^{21}$ | −59.1177 | −59.1909 | 0.1237 | −22.1989 | −22.2164 | 0.0788 |
| | 10 | $1.29\times10^{22}$ | −57.9190 | −57.9923 | 0.1264 | −21.0012 | −21.0187 | 0.0833 |
| | 5 | $1.03\times10^{23}$ | −55.5298 | −55.6030 | 0.1316 | −18.6194 | −18.6369 | 0.0939 |
| | 2 | $1.61\times10^{24}$ | −48.5115 | −48.5881 | 0.1577 | −11.7267 | −11.7478 | 0.1796 |
| | 1.3 | $5.87\times10^{24}$ | −42.3271 | −42.7390 | 0.9638 | −5.7705 | −6.2618 | 7.8460 |
| $Al^{11+}$ | 20 | $2.22\times10^{21}$ | −101.1140 | −101.3268 | 0.2100 | −38.5067 | −38.5591 | 0.1359 |
| | 10 | $1.77\times10^{22}$ | −99.4661 | −99.6778 | 0.2124 | −36.8585 | −36.9109 | 0.1420 |
| | 5 | $1.42\times10^{23}$ | −96.1745 | −96.3863 | 0.2197 | −33.5730 | −33.6254 | 0.1558 |
| | 2 | $2.22\times10^{24}$ | −86.4172 | −86.6286 | 0.2440 | −23.9184 | −23.9699 | 0.2149 |
| | 1 | $1.77\times10^{25}$ | −70.6282 | −71.3493 | 1.0107 | −8.6770 | −9.5036 | 8.6978 |
| $Ar^{16+}$ | 20 | $3.22\times10^{21}$ | −196.1110 | −196.9012 | 0.4013 | −75.6864 | −75.8928 | 0.2720 |
| | 10 | $2.58\times10^{22}$ | −193.7117 | −194.5019 | 0.4063 | −73.2877 | −73.4942 | 0.2810 |
| | 5 | $2.06\times10^{23}$ | −188.9179 | −189.7081 | 0.4165 | −68.4986 | −68.7050 | 0.3004 |
| | 2 | $3.22\times10^{24}$ | −174.6219 | −175.4114 | 0.4501 | −54.2804 | −54.4855 | 0.3764 |
| | 0.7 | $7.51\times10^{25}$ | −131.7583 | −133.6684 | 1.4290 | −12.7109 | −14.7678 | 13.9283 |

注：1. 非相对论能量 $E_{non\text{-}rel}$ 和相对论能量 $E_{rel}$ 的单位为 a. u. 。
2. $\delta E$ 为相对论效应对能量贡献的百分比。

图 7.1 所示的是类氦碳、氖、铝和氩离子 $2p^2$ ($^3P^e$) 原子态的能量随自由电子密度的变化情况，以及对应的单电子离子的能量阈值。类氢碳、铝和氩离子的能量数据取自文献 [53]。用与文献 [53] 中相同的方法计算了类氢氖离子的能量。从图 7.1 可以看出：随着自由电子密度的升高，$2p^2$ ($^3P^e$) 原子态的能量向着连续态方向移动，各个离子能量的变化趋势均光滑且一致；2s 和 2p 的能量阈值在强耦合等离子体中不再简并，但等离子体环境对它们简并度的消除是十分微小的。从图 7.1 还可以看出：当自由电子密度较高时，$2p^2$ ($^3P^e$) 原子态的能量逐渐并入单电子离子的能量阈值。当自由电子密度较低时，$2p^2$ ($^3P^e$) 原子态的能量随自由电子密度的变化速率较慢；当自由电子密度较高时，$2p^2$ ($^3P^e$) 原子态的能量随自由电子密度的变化速率较快；当自由电子密度接

近于固体密度至高于固体密度时，$2p^2$（$^3P^e$）原子态的能量快速并入单电子离子的能量阈值。$2p^2$（$^3P^e$）原子态的能量并入单电子离子的能量阈值时对应的离子球半径称为临界离子球半径（$R_c$）。例如，$C^{4+}$ 离子的临界离子球半径为 1.538 a.u.。随着核电荷数 $Z$ 的增大，核的吸引力逐渐增强，故临界离子球半径逐渐变小。也就是说，核电荷数 $Z$ 越大，$2p^2$（$^3P^e$）原子态能够存在于更高的自由电子密度中。例如，$Ar^{16+}$ 离子的临界离子球半径为 0.59281 a.u.。

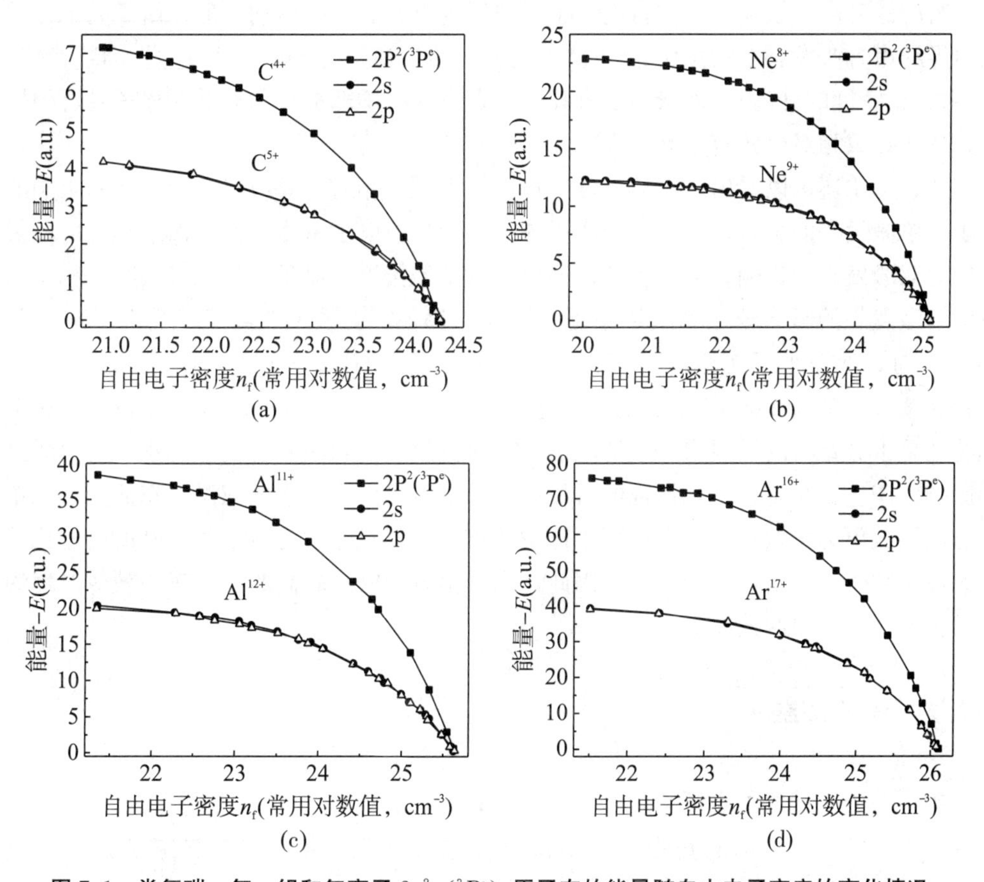


**图 7.1　类氦碳、氖、铝和氩离子 $2p^2$（$^3P^e$）原子态的能量随自由电子密度的变化情况**

两个因素会引起离子球中离子能量的变化，一个是空间约束，另一个是等离子体环境效应。对于自由离子，其波函数可以延伸至无穷远。然而，当处在空间约束中时，波函数的限制会对能量产生效应。例如，自由 $C^{4+}$ 离子 $2p^2$（$^3P^e$）原子态的能量为 $-8.0567$ a.u.；当其被约束在半径为 20 a.u. 的球形盒中时，我们计算的能量为 $-8.0547$ a.u.；当其被约束在半径为 1.538 a.u. 的球形盒中时，我们计算的能量为 $-7.1585$ a.u.。这样的空间约束称为压力约束[119]。我们定义一个量 $\delta E_{\text{box}}$ $\left(\delta E_{\text{box}}=\dfrac{E_{\text{box}}-E_{\text{free}}}{E_{\text{IS}}-E_{\text{free}}}\times 100\%\right)$。对于 $C^{4+}$ 离子，当离子球半径为 20 a.u. 时，空间约束（波函数的截断）引起的能量变化仅仅占总能量变化的 0.33%；空间约束的贡献随离子球半径的减小而增大，当离子球半径为1.538 a.u. 时，空间约束引起的能量变化占比高达 13.8%。因此，可以得出结论：当自由电子密度较小（约为 $10^{20}$ $cm^{-3}$）时，离子能量的变化几乎完全是由其周围自由电子的屏蔽引起的，然而当自由电子密度接近固体密度（约为 $10^{23}$ $cm^{-3}$及以上）时，空间约束对离子结构的影响变得非常明显。

相对论效应对能量的影响用公式 $\delta E = \frac{E_{\text{rel}} - E_{\text{non-rel}}}{E_{\text{rel}}} \times 100\%$ 来描述。从表 7.1 可以看出：当离子球半径较大时，无论是单激发态还是双激发态，相对论效应的影响几乎可以忽略；而当离子球半径小于某个值时，相对论效应突然开始增大。这是由于随着自由电子密度的升高，激发态上的自由电子倾向于远离原子核的运动，但是由于离子球的有限边界约束，激发态上的束缚电子只能在更小的轨道上运动。随着离子球半径的减小（自由电子密度的升高），能量不断升高，但是束缚电子却被强制运动在离核更近的轨道上，从而导致相对论效应不断增大。

从表 7.1 还可以看出：当离子球半径比较大时，相对论效应对双激发态的影响的确小于对单激发态的影响；但是，当离子球半径随自由电子密度的升高而减小时，相对论效应对双激发态的影响发生了反转；当离子球半径接近于原子态失稳极限时，相对论效应对双激发态的影响较之单激发态更为明显。例如，对于 $C^{4+}$ 离子，当离子球半径为 20 a. u. 时，1s2p 原子态的 $\delta E$ 为 0.0446，$2p^2$ 原子态的 $\delta E$ 为 0.0268；然而，当离子球半径为 2 a. u. 时，1s2p 原子态的 $\delta E$ 为 1.8673，$2p^2$ 原子态的 $\delta E$ 为 12.8894。这个变化特征是十分奇特的，因为一般情况下，相对论效应对双激发态的影响小于对单激发态的影响。产生这个奇特变化特征的可能原因如下：自由态离子的双激发态波函数比单激发态波函数更为发散，但处在等离子体中的离子，其双激发态波函数受到的挤压比单激发态波函数受到的挤压更为严重，因此，当自由电子密度较高时，相对论效应对双激发态的贡献大于对单激发态的贡献。

### 7.2.2 跃迁概率

本小节分别计算了类氦碳、氖、铝和氩离子长度规范下 1s2p（$^1P_1$）- $1s^2$（$^1S_0$）的跃迁概率。图 7.2 所示的是强耦合等离子体中类氦碳、氖、铝和氩离子长度规范下 1s2p（$^1P_1$）- $1s^2$（$^1S_0$）的跃迁概率随自由电子密度的变化情况。从图 7.2 可以看出：跃迁概率随自由电子密度的升高而非常缓慢地减小，也就是说，跃迁概率几乎对整个范围内自由电子密度的变化都不敏感，仅仅在接近于离子失稳极限时曲线才出现了弯曲，显示出了跃迁概率的下降。这是十分显然的，因为当自由电子密度非常高时，激发态几乎不能存在了。

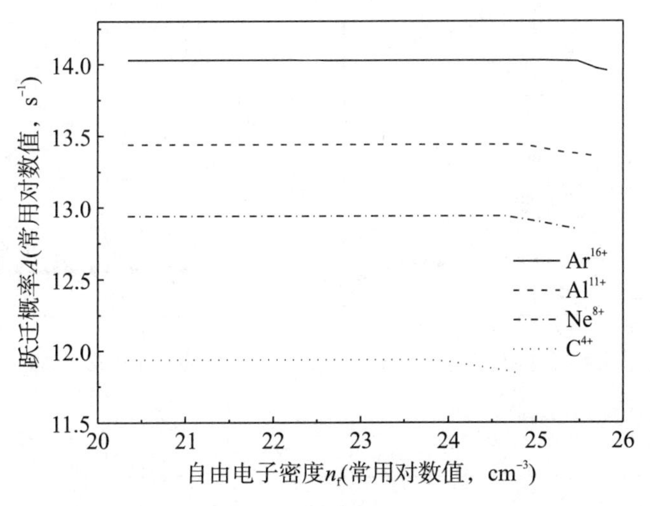


**图 7.2　类氦碳、氖、铝和氩离子长度规范下** 1s2p（$^1P_1$）- $1s^2$（$^1S_0$）**的跃迁概率随自由电子密度的变化情况**

图 7.3 所示的是强耦合等离子体中类氦碳、氖、铝和氩离子长度规范下 $2p^2$（$^3P_{0,1,2}$）- 1s2p（$^3P_{0,1,2}$）的跃迁概率，也给出了相对于 1s2p（$^1P_1$）- $1s^2$（$^1S_0$）跃迁的相对跃迁概率随自由电子密度的变化情况。从图 7.3 可以看出：对于四种离子，$2p^2$ - 1s2p 的跃迁概率随自由电子密度的变化规律与 1s2p - $1s^2$ 的相似。当自由电子密度较高时，相对跃迁概率随自由电子密度的升高而增大，这意味着来自双激发态的跃迁可能性大于来自单激发态的跃迁可能性。从图 7.3 还可以看出：$2p^2$（$^3P_1$）- 1s2p（$^3P_0$）和 $2p^2$（$^3P_2$）- 1s2p（$^3P_2$）的跃迁概率大于 1s2p（$^1P_1$）- $1s^2$（$^1S_0$）的跃迁概率，其他允许跃迁的跃迁概率更小，来自双激发态的相对跃迁概率随核电荷数 $Z$ 的增大而减小。根据关系式 $I = n_i AE$（$I$ 为跃迁对应的光谱强度，$E$ 为光子能量），利用跃迁概率 $A$ 的计算值确定跃迁中较高能量态的密度 $n_i$，从而解释实验结果，因为 $n_i$ 高度依赖于理论上所计算的等离子体中的原子结构数据[66]。

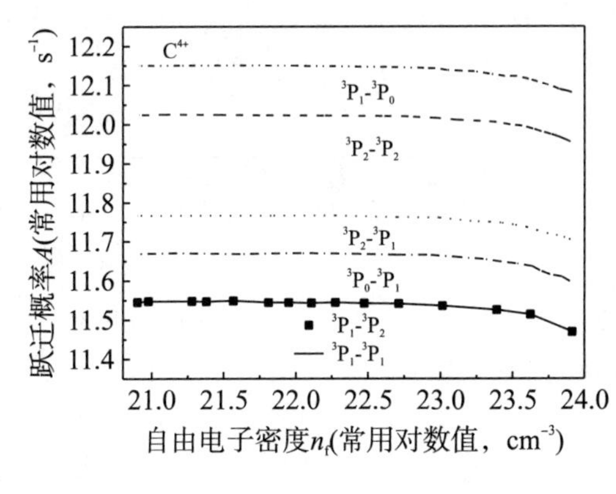


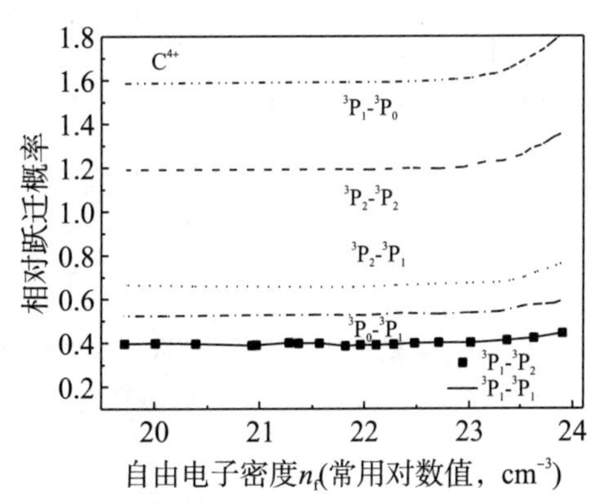


(a)

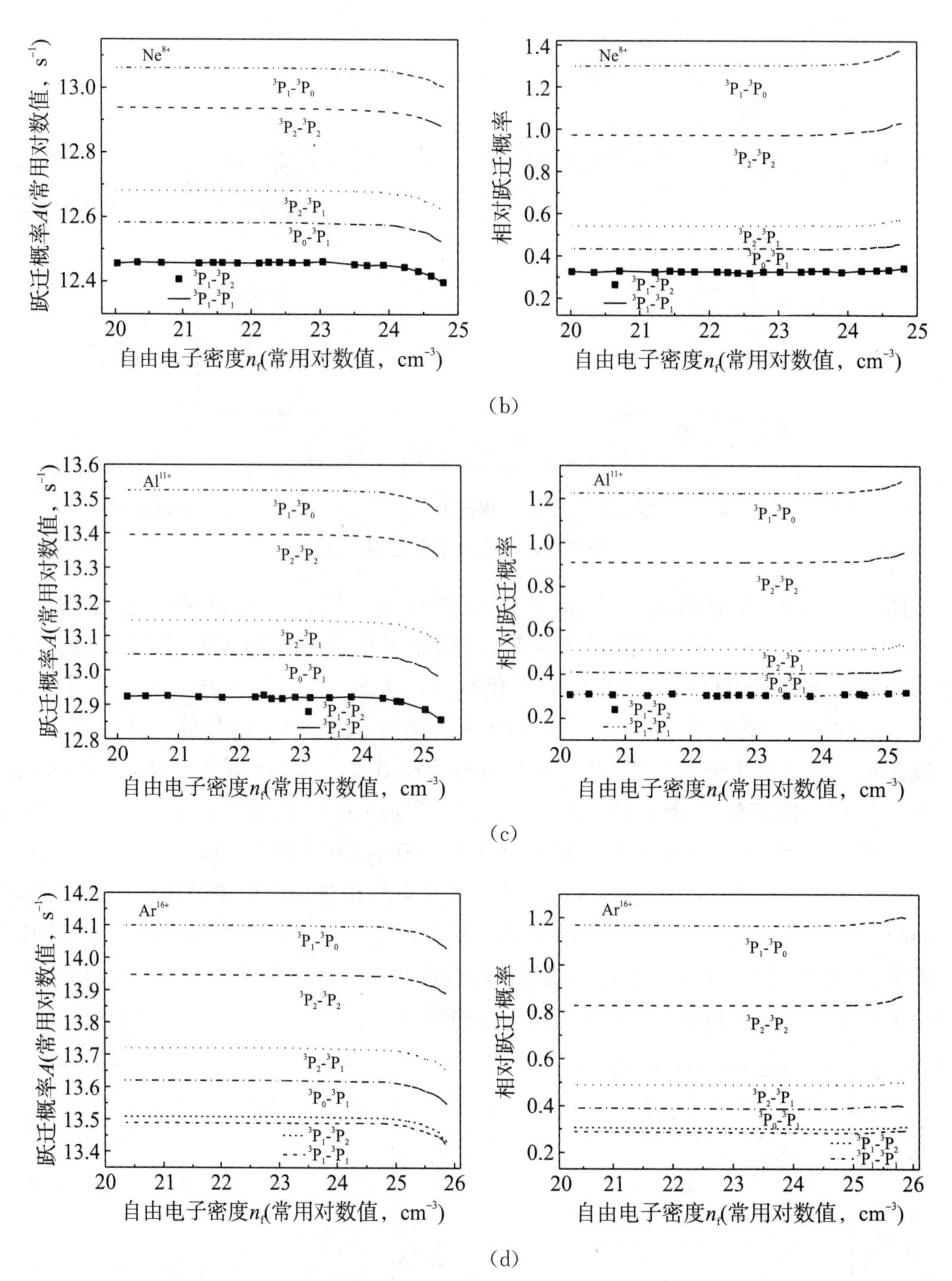


**图 7.3　类氦碳、氖、铝和氩离子长度规范下 $2p^2$ ($^3P_{0,1,2}$) - $1s2p$ ($^3P_{0,1,2}$) 的跃迁概率随自由电子密度的变化情况**

## 7.2.3　跃迁波长

表 7.2 所示的是用相对论方法计算的类氦碳、氖、铝和氩离子 $2p^2$ ($^3P^e$) - $1s2p$ ($^3P^e$) 的跃迁波长和自由电子压力。

**表 7.2　相对论方法所计算的类氦碳、氖、铝和氩离子 $2p^2$ ($^3P^e$) - $1s2p$ ($^3P^e$) 的跃迁波长和自由电子压力**

| 离子 | $n_f$ ($cm^{-3}$) | λ (Å①) | | | $P$ (Pa) |
|---|---|---|---|---|---|
| | | 本章 | 文献结果 | | |
| | | | 实验 | 理论 | |
| $C^{4+}$ | $2.39\times10^{20}$ | 13.1742 | | | $5.202\times10^{8}$ |
| | $3.73\times10^{21}$ | 13.1734 | | | $8.124\times10^{9}$ |
| | $2.98\times10^{22}$ | 13.1677 | | | $6.486\times10^{10}$ |
| | $2.39\times10^{23}$ | 13.1226 | | | $5.147\times10^{11}$ |
| | $8.56\times10^{23}$ | 13.0100 | | | $1.819\times10^{12}$ |
| $Ne^{8+}$ | $2.01\times10^{20}$ | 12.3194 | 12.31～12.33，$n_f$ 约为 $10^{20}$ $cm^{-3}$ [120] | | $4.180\times10^{8}$ |
| | $3.82\times10^{21}$ | 12.3196 | 12.32，$n_f$ 约为 $10^{21}$ $cm^{-3}$ [41] | | $7.927\times10^{9}$ |
| | $2.52\times10^{22}$ | 12.3202 | 12.321～12.326 [121] | | $5.224\times10^{10}$ |
| | $2.01\times10^{23}$ | 12.3250 | | | $4.172\times10^{11}$ |
| | $3.82\times10^{24}$ | 12.4275 | | | $7.813\times10^{12}$ |
| $Al^{11+}$ | $2.77\times10^{20}$ | 7.2570 | | 7.26，$n_f$ 约为 $10^{20}$ $cm^{-3}$ [122] | $6.030\times10^{8}$ |
| | $2.22\times10^{21}$ | 7.2570 | | | $4.829\times10^{9}$ |
| | $3.46\times10^{22}$ | 7.2572 | | | $7.543\times10^{10}$ |
| | $2.77\times10^{23}$ | 7.2586 | | | $6.029\times10^{11}$ |
| | $2.22\times10^{24}$ | 7.2697 | | | $4.806\times10^{12}$ |
| | $1.77\times10^{25}$ | 7.3652 | | | $3.790\times10^{13}$ |
| $Ar^{16+}$ | $4.03\times10^{20}$ | 3.7643 | | | $8.771\times10^{8}$ |
| | $3.22\times10^{21}$ | 3.7643 | | | $7.024\times10^{9}$ |
| | $2.58\times10^{22}$ | 3.7643 | | | $5.619\times10^{10}$ |
| | $2.06\times10^{23}$ | 3.7644 | 3.7626～3.7684，$n_f$ 约为 $10^{23}$ $cm^{-3}$ [123] | | $4.494\times10^{11}$ |
| | $3.22\times10^{24}$ | 3.7668 | | | $7.007\times10^{12}$ |
| | $2.58\times10^{25}$ | 3.7855 | | | $5.565\times10^{13}$ |

表 7.2 中的跃迁波长是根据（7.8）式算出的跃迁能而得到的。从表 7.2 可以看出：随着自由电子密度的升高，跃迁波长并没有发生显著的变化，但是这些跃迁波长的精确计算值对于等离子体中谱线的精确分析是非常重要的[66]，并且通过与实验结果的比较，

① 1 Å=0.1 nm。

反过来验证理论计算的精确性。从表 7.2 还可以看出：当前的计算结果与文献报道的实验结果符合得非常好。例如，在 Kroupp 等的 Z-Pinch 等离子体实验[120]中，$Ne^{8+}$ 离子在自由电子密度约为 $10^{20}$ cm$^{-3}$时，$2p^2$（$^3P^e$）- 1s2p（$^3P^e$）的跃迁波长为 12.31～12.33 Å；在自由电子密度为 $2.01\times10^{20}$ cm$^{-3}$时，本章所计算的跃迁波长为 12.3194 Å，与实验结果[120]符合得非常好。在另一个 Z-Pinch 氖等离子体实验[121]中报道的 $2p^2$（$^3P^e$）- 1s2p（$^3P^e$）的跃迁波长为 12.321～12.326 Å，但没有给出对应的自由电子密度，我们的计算结果表明自由电子密度约为 $10^{22}$ cm$^{-3}$。Kaur 等[122]用 FLYCHK 程序模拟了激光等离子体铝的 K 层共振线，其中当自由电子密度约为$10^{20}$ cm$^{-3}$时，$2p^2$（$^3P^e$）- 1s2p（$^3P^e$）的跃迁波长为 7.26 Å；当自由电子密度为 $2.77\times10^{20}$ cm$^{-3}$时，本章所计算的跃迁波长为 7.2570 Å。表 7.2 还给出了其他实验结果[41]。Lunney 等[123]的实验结果表明，利用类氦氩等离子体来自 $2p^2$（$^3P^e$）原子态的伴线跃迁谱测量的有效电子密度范围为 $10^{24}$～$10^{26}$ cm$^{-3}$，本章的理论计算结果证实了这一点。

除这些所允许的电偶极跃迁外，本章的计算结果还可以用于估算禁戒线 $x$：1s2p（$^3P_2$）- $1s^2$（$^1S_0$）和 $y$：1s2p（$^3P_1$）- $1s^2$（$^1S_0$）的跃迁波长。一般情况下，$y$ 线有较高的强度和较窄的宽度，非常有助于等离子体的诊断[124]。当自由电子密度为 $2.22\times10^{21}$ cm$^{-3}$时，$Al^{11+}$ 离子 $x$、$y$ 线的波长分别为 7.796 Å 和 7.801 Å，这个计算结果与 GSI 上的 nhelix 激光测试台上所测量的当自由电子密度约为 $10^{21}$ cm$^{-3}$时 $y$ 线的跃迁波长为 7.807 Å[125]符合得非常好。

### 7.2.4 自由电子压力

根据绝热近似下的热力学第一定律，等离子体中离子所感受到的来自球形空间约束的自由电子压力可以表示为

$$P=-\frac{1}{4\pi R^2}\frac{\mathrm{d}E_g}{\mathrm{d}R}\approx-\frac{1}{4\pi R^2}\frac{\Delta E_g}{\Delta R}$$

式中，$R$ 为约束球半径，即离子球半径；$E_g$为基态能量。选取离子的基态作为计算对象，因其能满足热力学平衡条件，而激发态因其寿命有限而不能满足热力学平衡条件。我们选取了 $\Delta R=1.0\times10^{-5}$ a.u.。表 7.2 给出了类氦离子所承受的自由电子压力。从表 7.2 可以看出：当自由电子密度大小相近时，不同核电荷数 $Z$ 的离子所承受的自由电子压力是相近的。例如，当自由电子密度分别为 $2.39\times10^{20}$ cm$^{-3}$、$2.01\times10^{20}$ cm$^{-3}$、$2.77\times10^{20}$ cm$^{-3}$和 $4.03\times10^{20}$ cm$^{-3}$时，$C^{4+}$、$Ne^{8+}$、$Al^{11+}$和 $Al^{16+}$离子所承受的自由电子压力分别为 $5.202\times10^8$ Pa、$4.180\times10^8$ Pa、$6.030\times10^8$ Pa 和 $8.771\times10^8$ Pa。为了进一步验证上述结论，我们还计算了自由电子密度完全相同时，$C^{4+}$、$Ne^{8+}$、$Al^{11+}$ 和 $Al^{16+}$离子所承受的自由电子压力。结果表明，这些类氦离子所承受的自由电子压力几乎完全相同。例如，当自由电子密度为 $6.56\times10^{20}$ cm$^{-3}$时，$Ne^{8+}$离子和 $Al^{11+}$离子所承受的自由电子压力分别为 $1.429\times10^9$ Pa 和 $1.431\times10^9$ Pa。计算结果表明，对于类氢离子，也满足上述规律。这里用到的压强换算关系为 1.0 a.u.$=2.9421912\times10^{13}$ Pa。

图 7.4 所示的是作用在类氢和类氦离子上的自由电子压力随自由电子密度的变化情况以及 $\log P$ 和 $\log n_f$ 间的线性拟合曲线。自由电子压力和自由电子密度间的线性拟合关系式为 $\log P = a\log n_f + b$。对于类氢离子，$a=0.9977$，$b=-11.9347$；对于类氦离子，$a=0.9993$，$b=-11.6520$。由于自由电子压力与核电荷数 $Z$ 无关，因此可以利用上述拟合关系式估算等离子体中任意类氢、类氦离子所承受的自由电子压力；研究表明，上述线性拟合关系式至少在 $10^{20}\sim10^{26}\,\text{cm}^{-3}$ 的自由电子密度范围内是有效的。在等离子体中存在多种电荷态离子，一般情况下，较低电荷态离子所占的摩尔分数大于较高电荷态离子所占的摩尔分数。因此，作用在类氦离子上的自由电子压力应该大于作用在类氢离子上的自由电子压力，由图 7.4 可以明显看出这个特点。本章的计算结果与 Saha 等[126]基于离子球模型采用公式 $P=-\dfrac{2E_g-\bar{V}}{4\pi R^2}$ 所估算的结果符合得非常好。等离子体中离子所承受的总压力等于其周围电子的压力和所有离子（包括裸核）压力之和[127]。Kraus 等[45]在美国国家点火装置（NIF）上的实验结果表明，当 $n_f>10^{24}\ \text{cm}^{-3}$时，离子所承受的总压力大于 $10^{13}\,\text{Pa}$；当 $n_f=3.22\times10^{24}\ \text{cm}^{-3}$时，本章所计算的双电子离子所承受的自由电子压力为 $7.007\times10^{12}\ \text{Pa}$，比文献［45］所测量的总压力小了约一个数量级。Maron 等[128]报道了两个独立的 Z-Pinch 实验。WIS 实验[128]结果表明，当 $n_f=6\times10^{19}\ \text{cm}^{-3}$时，$Ne^{8+}$离子所承受的总压力为 $3.6\times10^{10}\ \text{Pa}$；但 Z-accelerator 实验[128]结果表明，当 $n_f=3.5\times10^{19}\ \text{cm}^{-3}$时，$Ne^{8+}$离子所承受的总压力为$3.7\times10^{11}\ \text{Pa}$，比 WIS 实验结果高了一个数量级。很显然，这两个实验结果是矛盾的，需要进行更精确的实验测量，以解决这两个实验的矛盾。我们所计算的当自由电子密度约为$10^{19}\ \text{cm}^{-3}$时，双电子离子所承受的压力约为$10^8\ \text{Pa}$，能够为将来的实验提供理论指导。

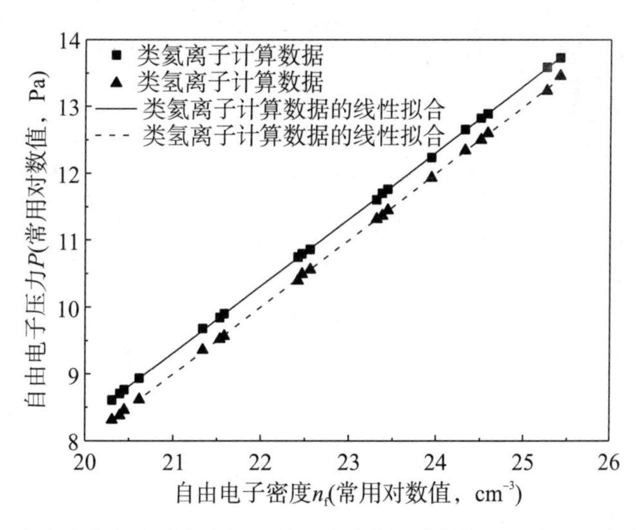


**图 7.4　作用在类氢和类氦离子上的自由电子压力随自由电子密度的变化情况**

## 7.3 小结

本章采用非相对论和相对论方法分别研究了稠密等离子体中双电子离子双激发亚稳束缚态的结构和伴线跃迁。在非相对论方法计算中，提出了计算空间约束中双激发态离子的双电子积分的新方法，这个方法还可以推广至其他外加约束的三体离子系统（本章中的类氦离子是由原子核和两个束缚电子组成的三体系统）。利用我们改进的 GRASP2K 程序计算了类氦离子的能量；当自由电子密度较高时，相对论效应对双激发态的影响随自由电子密度的升高而增大；本章所计算的跃迁概率可以用于对实验结果的分析，所计算的来自双激发态的允许电偶极跃迁和禁戒跃迁数据能够用于指导等离子体诊断。最后，研究了类氢离子和类氦离子所承受的来自周围自由电子的压力，并拟合出了自由电子密度和自由电子压力间的线性代数关系式，该关系式能够用于估算稠密等离子体中任意单、双电子离子所承受的自由电子压力。本章的研究结果能够用于等离子体诊断、天文学数据分析和指导将来的研究工作。

# 第 8 章　类锂离子（$Z=7\sim11$）的结构和性质

## 8.1　理论方法

本章采用 MCDF 方法，结合离子球模型研究了稠密等离子体中类锂离子（$Z=7\sim11$）的跃迁参数。MCDF 方法已在第 3 章中做了介绍，这里仅对 MCDF 方法在本章的具体应用做介绍。

采用 MCDF 方法中的扩展优化能级（EOL）方案优化波函数，在 EOL 方案中，以组态能量加权平均值作为收敛标准。同时，优化给定 $J$ 值的多个能级，可以准确确定相邻能级间的主要相互作用。采用限制活动空间方法产生组态波函数序列，将参考组态中占据轨道上的束缚电子激发至非占据轨道，产生出给定 $J$ 值和宇称的 $jj$ 耦合表象下的组态波函数序列。活动空间指的是除去原子态波函数中已包含的参考组态轨道后的一组轨道。将参考组态中占据轨道上的束缚电子单激发和双激发至活动轨道，从而建立组态展开序列。由于相同主量子数的轨道有着相似的能量，为了得到收敛和稳定的原子参数，我们按照主量子数逐层扩展活动轨道数和活动空间尺寸，每扩展一次后均仅优化新增加的轨道，以提高收敛速度和节省计算时间。对于类锂离子，所计算的原子态分别为 $1s^2 2s$、$1s^2 2p$、$1s^2 3s$、$1s^2 3p$ 和 $1s^2 3d$。开始，这些原子态的活动空间为

$$\mathrm{AS1} = 3s,3p,3d$$

然后，活动空间按照下述方式不断扩大：

$$\mathrm{AS2} = \mathrm{AS1} + \{4s,4p,4d,4f\}$$

$$\mathrm{AS3} = \mathrm{AS2} + \{5s,5p,5d,5f\}$$

$$\mathrm{AS4} = \mathrm{AS3} + \{6s,6p,6d,6f\}$$

$$\mathrm{AS5} = \mathrm{AS4} + \{7s,7p,7d,7f\}$$

产生的轨道用于计算能量和跃迁参数。按照上述 MCDF 方法分别优化了 $1s^2 2s$、$1s^2 2p$、$1s^2 3s$、$1s^2 3p$ 和 $1s^2 3d$ 原子态的波函数，在此基础上计算了跃迁参数。

## 8.2 结果与讨论

### 8.2.1 跃迁能和跃迁概率

类锂离子（$Z$ =7～11）的能量随活动空间的变化规律完全相同，这里仅以 $Na^{8+}$ 离子为例，描述能量随活动空间的变化规律。从表 8.1 可以看出：$Na^{8+}$ 离子所有原子态的能量随活动空间的扩大而不断减小，在 AS5 活动空间中所计算的能量几乎与在 AS4 活动空间中的相同，即当活动空间扩展至 $n$=7 时，所计算的原子态的能量完全收敛。

**表 8.1 $Na^{8+}$ 离子的能量随活动空间的变化情况**

| 序号 | 组态 | AS1 | AS2 | AS3 | AS4 | AS5 |
|---|---|---|---|---|---|---|
| 1 | $1s^2 2s$ ($^2S_{1/2}$) | −125.4744 | −125.4798 | −125.4814 | −125.4821 | −125.4823 |
| 2 | $1s^2 2p$ ($^2P_{1/2}$) | −124.8153 | −124.8228 | −124.8248 | −124.8255 | −124.8257 |
| 3 | $1s^2 2p$ ($^2P_{3/2}$) | −124.8021 | −124.8096 | −124.8117 | −124.8124 | −124.8126 |
| 4 | $1s^2 3s$ ($^2S_{1/2}$) | −119.1923 | −119.2091 | −119.2110 | −119.2116 | −119.2118 |
| 5 | $1s^2 3p$ ($^2P_{1/2}$) | −119.0027 | −119.0281 | −119.0312 | −119.0320 | −119.0322 |
| 6 | $1s^2 3p$ ($^2P_{3/2}$) | −118.9989 | −119.0242 | −119.0274 | −119.0281 | −119.0284 |
| 7 | $1s^2 3d$ ($^2D_{3/2}$) | −118.9562 | −118.9625 | −118.9643 | −118.9648 | −118.9650 |
| 8 | $1s^2 3d$ ($^2D_{5/2}$) | −118.9551 | −118.9614 | −118.9632 | −118.9637 | −118.9639 |

表 8.2 所示的是自由类锂离子（$Z$ =7～11）主量子数 $n\leqslant 3$ 所有原子态的跃迁能和跃迁概率。从表 8.2 可以看出：本章所计算的跃迁能和跃迁概率与 NIST 的推荐值[102]的最大相对误差分别为 0.78%和 3.46%，所以本章所计算的自由类锂离子（$Z$=7～11）主量子数 $n\leqslant 3$ 所有原子态的跃迁能和跃迁概率是非常准确的，即将束缚电子的活动空间扩展至 $n$=7，能够非常充分地描述束缚电子间的关联效应。

**表 8.2　自由类锂离子的跃迁能和跃迁概率**

| 跃迁 | $N^{4+}$ | | | | | | $O^{5+}$ | | | | | |
|---|---|---|---|---|---|---|---|---|---|---|---|---|
| | $E$ (cm$^{-1}$) | | | $A$ (s$^{-1}$) | | | $E$ (cm$^{-1}$) | | | $A$ (s$^{-1}$) | | |
| | 本章 | 文献[102] | 误差 | 本章 | 文献[102] | 误差 | 本章 | 文献[102] | 误差 | 本章 | 文献[102] | 误差 |
| 1-2 | 80511 | 80463 | 0.06 | $3.366\times10^{8}$ | $3.37\times10^{8}$ | 0.12 | 96422 | 96375 | 0.05 | $4.087\times10^{8}$ | $4.09\times10^{8}$ | 0.08 |
| 1-3 | 80816 | 80722 | 0.12 | $3.407\times10^{8}$ | $3.40\times10^{8}$ | 0.20 | 97033 | 96908 | 0.13 | $4.169\times10^{8}$ | $4.16\times10^{8}$ | 0.22 |
| 4-5 | 21655 | 21639 | 0.08 | $4.107\times10^{7}$ | $4.10\times10^{7}$ | 0.16 | 26089 | 26073 | 0.06 | $5.049\times10^{7}$ | $5.05\times10^{7}$ | 0.02 |
| 4-6 | 21746 | 21715 | 0.14 | $4.160\times10^{7}$ | $4.14\times10^{7}$ | 0.47 | 26269 | 26230 | 0.15 | $5.157\times10^{7}$ | $5.14\times10^{7}$ | 0.33 |
| 5-7 | 6641 | 6639 | 0.03 | $8.113\times10^{5}$ | $8.11\times10^{5}$ | 0.03 | 8537 | 8513 | 0.29 | $1.195\times10^{6}$ | $1.19\times10^{6}$ | 0.44 |
| 6-7 | 6551 | 6562 | 0.18 | $1.557\times10^{5}$ | $1.57\times10^{5}$ | 0.82 | 8358 | 8356 | 0.02 | $2.242\times10^{5}$ | $2.24\times10^{5}$ | 0.09 |
| 6-8 | 6573 | 6584 | 0.16 | $9.443\times10^{5}$ | $9.49\times10^{5}$ | 0.50 | 8405 | 8407 | 0.03 | $1.369\times10^{6}$ | $1.37\times10^{6}$ | 0.10 |
| 1-5 | 477825 | 477766 | 0.01 | $1.209\times10^{10}$ | $1.21\times10^{10}$ | 0.12 | 666206 | 666113 | 0.01 | $2.609\times10^{10}$ | $2.62\times10^{10}$ | 0.41 |
| 1-6 | 477915 | 477842 | 0.02 | $1.206\times10^{10}$ | $1.21\times10^{10}$ | 0.37 | 666386 | 666270 | 0.02 | $2.601\times10^{10}$ | $2.62\times10^{10}$ | 0.73 |
| 2-4 | 375659 | 375663 | 0.00 | $3.058\times10^{9}$ | $3.04\times10^{9}$ | 0.58 | 543695 | 543665 | 0.01 | $5.719\times10^{9}$ | $5.70\times10^{9}$ | 0.33 |
| 3-4 | 375353 | 375405 | 0.01 | $6.125\times10^{9}$ | $6.07\times10^{9}$ | 0.91 | 543085 | 543132 | 0.01 | $1.147\times10^{10}$ | $1.14\times10^{10}$ | 0.59 |
| 2-7 | 403955 | 403941 | 0.00 | $3.549\times10^{10}$ | $3.55\times10^{10}$ | 0.03 | 578322 | 578251 | 0.01 | $7.319\times10^{10}$ | $7.33\times10^{10}$ | 0.15 |
| 3-7 | 403650 | 403682 | 0.01 | $7.093\times10^{9}$ | $7.09\times10^{9}$ | 0.04 | 577711 | 577718 | 0.00 | $1.462\times10^{10}$ | $1.46\times10^{10}$ | 0.16 |
| 3-8 | 403672 | 403704 | 0.01 | $4.256\times10^{10}$ | $4.26\times10^{10}$ | 0.10 | 577759 | 577769 | 0.00 | $8.774\times10^{10}$ | $8.78\times10^{10}$ | 0.07 |

| 跃迁 | $F^{6+}$ | | | | | | $Ne^{7+}$ | | | | | |
|---|---|---|---|---|---|---|---|---|---|---|---|---|
| | $E$ (cm$^{-1}$) | | | $A$ (s$^{-1}$) | | | $E$ (cm$^{-1}$) | | | $A$ (s$^{-1}$) | | |
| | 本章 | 文献[102] | 误差 | 本章 | 文献[102] | 误差 | 本章 | 文献[102] | 误差 | 本章 | 文献[102] | 误差 |
| 1-2 | 112308 | 112260 | 0.04 | $4.805\times10^{8}$ | $4.80\times10^{8}$ | 0.11 | 128194 | 128152 | 0.03 | $5.524\times10^{8}$ | $5.52\times10^{8}$ | 0.07 |
| 1-3 | 113406 | 113236 | 0.15 | $4.954\times10^{8}$ | $4.93\times10^{8}$ | 0.49 | 130026 | 129801 | 0.17 | $5.774\times10^{8}$ | $5.74\times10^{8}$ | 0.60 |
| 4-5 | 30524 | 30507 | 0.06 | $5.994\times10^{7}$ | $5.90\times10^{7}$ | 1.59 | 34966 | 34954 | 0.04 | $6.942\times10^{7}$ | $6.90\times10^{7}$ | 0.61 |
| 4-6 | 30848 | 30793 | 0.18 | $6.191\times10^{7}$ | $6.10\times10^{7}$ | 1.49 | 35506 | 35442 | 0.18 | $7.276\times10^{7}$ | $7.20\times10^{7}$ | 1.06 |
| 5-7 | 10513 | 10491 | 0.21 | $1.638\times10^{6}$ | $1.62\times10^{6}$ | 1.08 | 12577 | 12508 | 0.55 | $2.144\times10^{6}$ | $2.10\times10^{6}$ | 2.10 |
| 6-7 | 10189 | 10205 | 0.16 | $2.981\times10^{5}$ | $3.00\times10^{5}$ | 0.64 | 12037 | 12019 | 0.15 | $3.758\times10^{5}$ | $3.70\times10^{5}$ | 1.57 |
| 6-8 | 10277 | 10292 | 0.15 | $1.836\times10^{6}$ | $1.83\times10^{6}$ | 0.31 | 12186 | 12166 | 0.16 | $2.341\times10^{6}$ | $2.32\times10^{6}$ | 0.91 |
| 1-5 | 885267 | 885128 | 0.02 | $4.960\times10^{10}$ | $5.05\times10^{10}$ | 1.79 | 1135055 | 1134840 | 0.02 | $8.611\times10^{10}$ | $8.67\times10^{10}$ | 0.68 |
| 1-6 | 885590 | 885414 | 0.02 | $4.939\times10^{10}$ | $5.03\times10^{10}$ | 1.80 | 1135595 | 1135328 | 0.02 | $8.568\times10^{10}$ | $8.64\times10^{10}$ | 0.84 |
| 2-4 | 742435 | 742361 | 0.01 | $9.771\times10^{10}$ | $9.60\times10^{9}$ | 1.78 | 971895 | 971734 | 0.02 | $1.562\times10^{10}$ | $1.55\times10^{10}$ | 0.77 |
| 3-4 | 741336 | 741385 | 0.01 | $1.962\times10^{10}$ | $1.93\times10^{10}$ | 1.64 | 970063 | 970085 | 0.00 | $3.140\times10^{10}$ | $3.10\times10^{10}$ | 1.30 |
| 2-7 | 783472 | 783359 | 0.01 | $1.350\times10^{11}$ | $1.35\times10^{11}$ | 0.30 | 1019438 | 1019195 | 0.02 | $2.295\times10^{11}$ | $2.29\times10^{11}$ | 0.21 |
| 3-7 | 782373 | 782383 | 0.00 | $2.696\times10^{10}$ | $2.69\times10^{10}$ | 0.23 | 1017606 | 1017546 | 0.01 | $4.582\times10^{10}$ | $4.57\times10^{10}$ | 0.23 |
| 3-8 | 782461 | 782470 | 0.00 | $1.618\times10^{11}$ | $1.61\times10^{11}$ | 0.36 | 1017755 | 1017693 | 0.01 | $2.749\times10^{11}$ | $2.74\times10^{11}$ | 0.26 |

续表8.2

| 跃迁 | $Na^{8+}$ | | | | | |
|---|---|---|---|---|---|---|
| | $E$ ($cm^{-1}$) | | | $A$ ($s^{-1}$) | | |
| | 本章 | 文献[102] | 误差 | 本章 | 文献[102] | 误差 |
| 1-2 | 144099 | 144062 | 0.03 | $6.244\times10^{8}$ | $6.23\times10^{8}$ | 0.23 |
| 1-3 | 146980 | 146688 | 0.20 | $6.642\times10^{8}$ | $6.60\times10^{8}$ | 0.63 |
| 4-5 | 39418 | 39420 | 0.01 | $7.896\times10^{7}$ | $7.93\times10^{7}$ | 0.43 |
| 4-6 | 40267 | 40180 | 0.22 | $8.429\times10^{7}$ | $8.40\times10^{7}$ | 0.34 |
| 5-7 | 14745 | 14630 | 0.78 | $2.728\times10^{6}$ | $2.68\times10^{6}$ | 1.77 |
| 6-7 | 13896 | 13870 | 0.18 | $4.564\times10^{5}$ | $4.56\times10^{5}$ | 0.08 |
| 6-8 | 14135 | 14070 | 0.46 | $2.884\times10^{6}$ | $2.85\times10^{6}$ | 1.19 |
| 1-5 | 1415631 | 1415370 | 0.02 | $1.397\times10^{11}$ | $1.40\times10^{11}$ | 0.22 |
| 1-6 | 1416480 | 1416130 | 0.02 | $1.388\times10^{11}$ | $1.40\times10^{11}$ | 0.83 |
| 2-4 | 1232115 | 1231888 | 0.02 | $2.374\times10^{10}$ | $2.31\times10^{10}$ | 2.75 |
| 3-4 | 1229233 | 1229262 | 0.00 | $4.780\times10^{10}$ | $4.62\times10^{10}$ | 3.46 |
| 2-7 | 1286277 | 1285938 | 0.03 | $3.666\times10^{11}$ | $3.65\times10^{11}$ | 0.43 |
| 3-7 | 1283396 | 1283312 | 0.01 | $7.315\times10^{10}$ | $7.27\times10^{10}$ | 0.62 |
| 3-8 | 1283634 | 1283512 | 0.01 | $4.389\times10^{11}$ | $4.36\times10^{11}$ | 0.67 |

注：1. 数字1,2,…,8表示原子态序号。
2. 误差表示本章的计算结果与 NIST 的推荐值的相对误差。

## 8.2.2 $1s^2 3d$ 原子态的临界自由电子密度

在等离子体中，电离势降低（IPD）效应导致束缚态个数随自由电子密度的升高而减少。原子态能够被有效束缚的最大自由电子密度称为临界自由电子密度。可以利用 SP 模型[46]或者 EK 模型[47]估算某个原子态的临界自由电子密度。当跃迁中较低能态的跃迁能小于较高能态的电离能时，较高能态是稳定的；否则，较高能态将变成准稳定态或者消失。在某个自由电子密度时，跃迁能恰好等于电离能，则这个自由电子密度是较高能态能够有效存在的临界自由电子密度。在高密度极限时，计算 IPD 效应的 SP 模型和 EK 模型的公式[49]分别为

$$\Delta I_{SP}=\frac{3(z+1)}{2R_{SP}} \tag{8.1}$$

$$\Delta I_{EK}=\frac{z+1}{R_{EK}} \tag{8.2}$$

式中，$z$ 为离子带电量；$R_{SP}$和 $R_{EK}$分别为 SP 模型和 EK 模型的半径，其表达式分别为

$$R_{SP}^3=\frac{3z}{4\pi n_f} \tag{8.3}$$

$$R_{EK}^3=\frac{3}{4\pi(n_f+n_i)} \tag{8.4}$$

式中，$n_f$ 为自由电子密度；$n_i$为离子密度。（8.1）式至（8.4）式中的 $\Delta I_{SP}$、$\Delta I_{EK}$、$R_{SP}$、$R_{EK}$、$n_f$ 和 $n_i$ 的单位均为原子单位（a. u.）。

我们提出了估算原子态临界自由电子密度的新方法[129]。当一个束缚电子的经典转折点半径（$R_{ctp}$）大于离子球半径时，该束缚电子将变为自由电子。当一个原子态最高占据轨道上束缚电子的经典转折点半径等于离子球半径时，相应的自由电子密度就是该原子态能够有效存在的临界自由电子密度。本章通过比较 3d 电子的经典转折点半径与离子球半径的大小关系，可以确定 $1s^23d$ 原子态的临界自由电子密度。计算时选取的最大自由电子密度等于 $1s^23d$ 原子态的临界自由电子密度。

表 8.3 所示的是类锂离子（$Z$=7～11）$1s^23d$ 原子态的临界自由电子密度。从表 8.3 可以看出，用经典转折点半径法估算的临界自由电子密度总是大于用 EK 模型和 SP 模型估算的临界自由电子密度，用经典转折点半径法估算的临界自由电子密度更加接近于用 SP 模型估算的临界自由电子密度。用经典转折点半径法估算的临界自由电子密度可能是偏大的，这是因为离子球模型中没有考虑电子间碰撞的动力学效应。如果在离子球模型中加入一个描述电子间碰撞的动力学势，所计算的原子结构数据将更加准确，并能更准确地估算 IPD 效应。

**表 8.3　类锂离子 $1s^23d$ 原子态的临界自由电子密度**

| 离子 | $\Delta I$（a. u.） | $n_{EK}$（$cm^{-3}$） | $n_{SP}$（$cm^{-3}$） | $n_{ctp}$（$cm^{-3}$） |
|---|---|---|---|---|
| $N^{4+}$ | 1.4806 | $3.35\times10^{22}$ | $4.97\times10^{22}$ | $6.41\times10^{22}$ |
| $O^{5+}$ | 2.1137 | $5.88\times10^{22}$ | $1.05\times10^{23}$ | $1.34\times10^{23}$ |
| $F^{6+}$ | 2.8691 | $9.52\times10^{22}$ | $1.98\times10^{23}$ | $2.49\times10^{23}$ |
| $Ne^{7+}$ | 3.7674 | $1.47\times10^{23}$ | $3.50\times10^{23}$ | $4.25\times10^{23}$ |
| $Na^{8+}$ | 4.7432 | $2.10\times10^{23}$ | $5.60\times10^{23}$ | $6.85\times10^{23}$ |

注：1. $\Delta I$ 为在临界自由电子密度时用 EK 模型和 SP 模型所计算的 IPD 值。
　　2. $n_{EK}$、$n_{SP}$和 $n_{ctp}$分别为用 EK 模型、SP 模型和经典转折点半径法估算的临界自由电子密度。

### 8.2.3　稠密等离子体中类锂离子的能级

类锂离子（$Z$=7～11）主量子数 $n\leqslant3$ 所有原子态能级随自由电子密度的变化规律与 $Na^{8+}$离子的完全相似，这里仅以 $Na^{8+}$离子为例来阐述能级随自由电子密度的变化规律。从图 8.1 可以看出，$Na^{8+}$离子 $1s^22p$（$^2P_{1/2,3/2}$）原子态的能级随自由电子密度的升高几乎呈线性升高；但从图 8.2 可以看出，$Na^{8+}$离子 $1s^23s$、$1s^23p$ 和 $1s^23d$ 原子态的能级随自由电子密度的升高而不断降低。这是因为靠近原子核的内层能级受到的自由电子屏蔽强度大于靠近离子球界面的能级[72]；主量子数相同时，轨道角动量较大者受到的自由电子屏蔽强度较大（可查看文献［72］）。受到自由电子屏蔽强度越大的原子态，其能量升高的幅度越大。基态 $1s^22s$（$^2S_{1/2}$）能量被自由电子屏蔽提升的幅度小于 $1s^22p$（$^2P_{1/2,3/2}$）能量被自由电子屏蔽提升的幅度，但大于 $1s^23s$、$1s^23p$ 和 $1s^23d$ 原子态能量被自由电子屏蔽提升的幅度。能级是激发态与基态间的能量差，所以，随着自由电子密度的升高，$Na^{8+}$ 离子 $1s^22p$（$^2P_{1/2,3/2}$）原子态的能级不断升高，而其 $1s^23s$、$1s^23p$ 和 $1s^23d$ 原子态的能级不断降低。

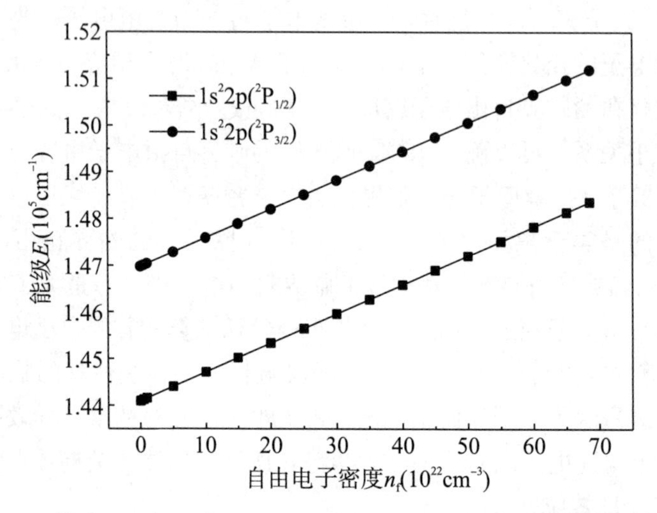


**图 8.1** $Na^{8+}$ **离子** $1s^22p$（$^2P_{1/2,3/2}$）**原子态的能级随自由电子密度的变化情况**

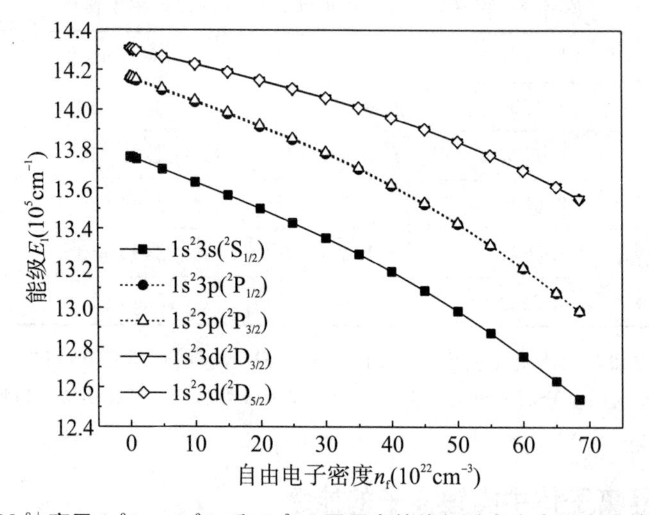


**图 8.2** $Na^{8+}$ **离子** $1s^23s$、$1s^23p$ **和** $1s^23d$ **原子态的能级随自由电子密度的变化情况**

## 8.2.4 稠密等离子体中类锂离子的跃迁参数

类锂离子（$Z=7\sim11$）主量子数 $n\leqslant3$ 所有原子态间的跃迁参数随自由电子密度的变化规律彼此相似，这里仅以 $Na^{8+}$ 离子为例来阐述跃迁能随自由电子密度的变化规律。

图 8.3 所示的是 $Na^{8+}$ 离子主量子数 $n \leqslant 3$ 所有原子态间的跃迁能随自由电子密度的变化情况。从图 8.3 可以看出：除 $1s^2 3s$（$^2S_{1/2}$）- $1s^2 3p$（$^2P_{1/2,3/2}$）跃迁外，随着自由电子密度的升高，主量子数不变（$\Delta n=0$）的跃迁对应的光谱发生蓝移，而主量子数变化（$\Delta n \neq 0$）的跃迁对应的光谱发生红移。这与文献［72］中报道的类似。

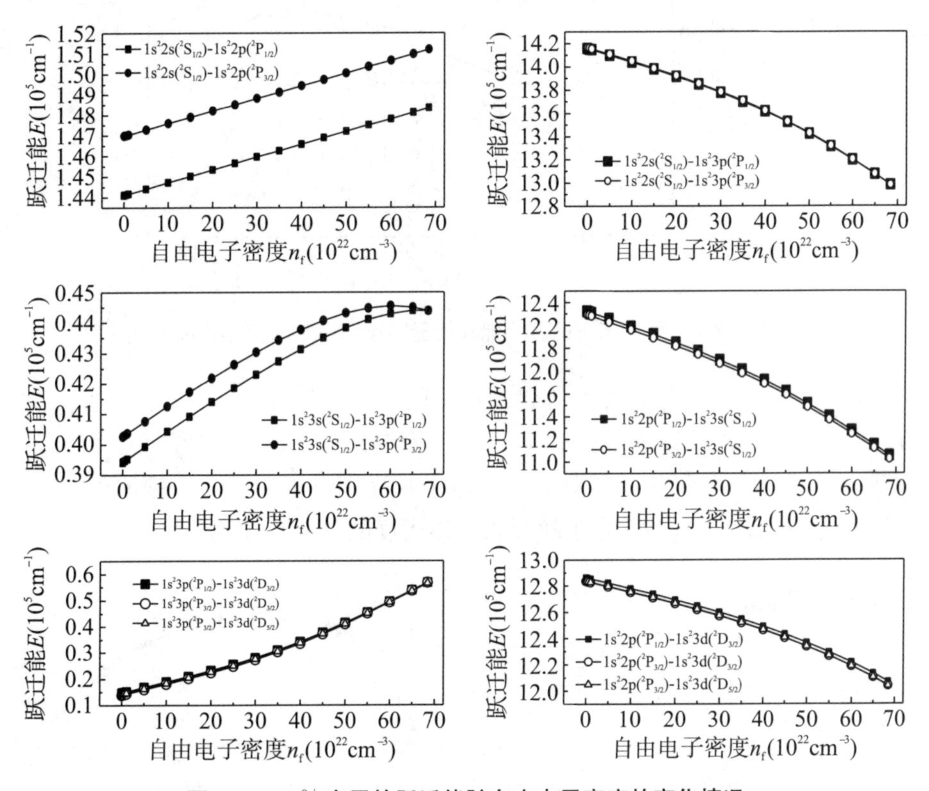


**图 8.3**　$Na^{8+}$ **离子的跃迁能随自由电子密度的变化情况**

等离子体对原子结构的屏蔽强度还可以用跃迁能移动量、跃迁概率移动量、振子强度移动量和线强度移动量等物理量来描述。跃迁能移动量、跃迁概率移动量、振子强度移动量和线强度移动量的计算公式分别为 $\Delta E = E_P - E_V$，$\Delta A = A_P - A_V$，$\Delta gf = gf_P - gf_V$，$\Delta S = S_P - S_V$。其中，$E_P$、$A_P$、$gf_P$ 和 $S_P$ 分别为等离子体中的跃迁能、跃迁概率、振子强度和线强度，$E_V$、$A_V$、$gf_V$、$S_V$ 分别为真空条件下的跃迁能、跃迁概率、振子强度和线强度。图 8.4 所示的是当自由电子密度为 $5.0 \times 10^{22}$ $cm^{-3}$ 时，类锂离子（$Z$=7～11）的不同跃迁对应的跃迁能移动量随核电荷数的变化情况。从图 8.4 可以看出：所有跃迁对应的跃迁能移动量随核电荷数的增大而减小。这是因为在相同的自由电子密度下，核电荷数越大，束缚电子受到原子核的吸引力就越强，跃迁能移动量就越小。$\Delta n=0$ 的跃迁对应的跃迁能移动量大于 0（$N^{4+}$ 离子除外），而 $\Delta n \neq 0$ 的跃迁对应的跃迁能移动量小于 0，这分别对应着前文提到的光谱的蓝移和红移。从图 8.4 还可以看出：$N^{4+}$ 离子 $1s^2 3s$（$^2S_{1/2}$）- $1s^2 3p$（$^2P_{1/2}$）的跃迁能移动量小于 0。这是因为在自由电子密度为 $5.0 \times 10^{22}$ $cm^{-3}$ 时，跃迁能移动已由蓝移转变为红移，我们将在后面讨论跃迁能移动转变的原因。跃迁能移动量、跃迁概率移动量、振子强度移动量和线强度移动量随核电荷数的变化规律与跃迁能移动量的类似，不赘述。

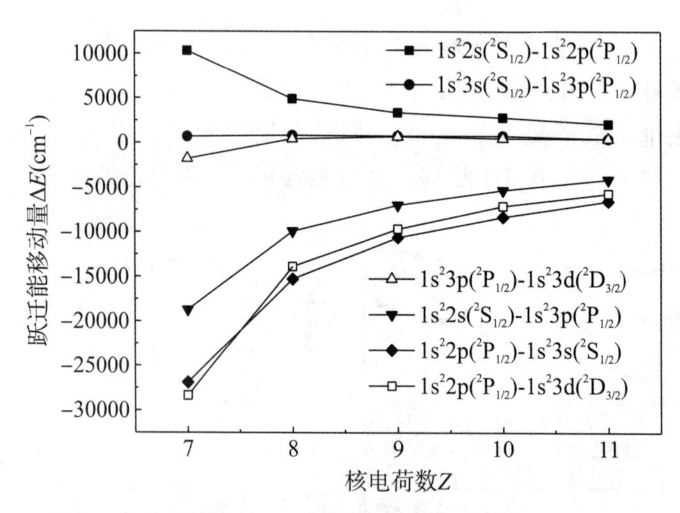


**图 8.4　类锂离子的跃迁能移动量随核电荷数的变化情况**

从图 8.5 可以看出：类锂离子（$Z=7\sim11$）$1s^23s$（$^2S_{1/2}$）-$1s^23p$（$^2P_{1/2,3/2}$）的跃迁能随自由电子密度的升高先增大后减小，相应的光谱先蓝移后红移。这个现象与文献[73]报道的考虑了德拜等离子体对电子与电子相互作用的屏蔽后，锂原子、Ca XVIII 和 Ti XX 离子的 $\Delta n=0$ 的跃迁光谱随等离子体密度的变化规律类似。

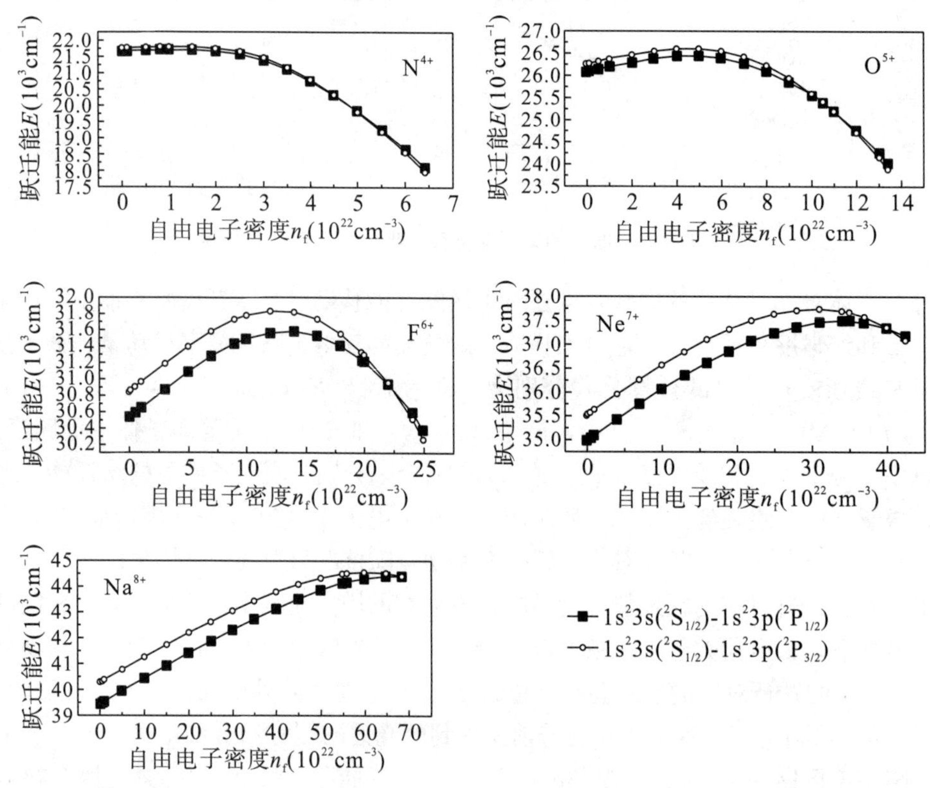


**图 8.5　类锂离子 $1s^23s$（$^2S_{1/2}$）-$1s^23p$（$^2P_{1/2,3/2}$）的跃迁能随自由电子密度的变化情况**

从图 8.5 还可以看出：随着自由电子密度的升高，$1s^23p$（$^2P_{1/2}$）和 $1s^23p$（$^2P_{3/2}$）的能级间出现了交叉；光谱从蓝移到红移发生转变的自由电子密度与能级发生交叉的自由电子密度均随核电荷数 $Z$ 的增大而升高。

若采用离子球模型描述稠密等离子体的屏蔽效应，则离子的结构和跃迁参数会受到刚球约束和自由电子屏蔽两方面的影响。以 $N^{4+}$ 离子为例，分别描述刚球约束和自由电子屏蔽对 $1s^2 3s$ - $1s^2 3p$ 跃迁能的影响。从图 8.6 可以看出：$N^{4+}$ 离子 $1s^2 3s$（$^2S_{1/2}$）- $1s^2 3p$（$^2P_{1/2}$）的跃迁能随刚球半径的减小而减小，但随自由电子密度的升高而增大。也就是说，刚球约束和自由电子屏蔽引起跃迁能变化的方向是相反的。处在稠密等离子体中的 $N^{4+}$ 离子，$1s^2 3s$（$^2S_{1/2}$）- $1s^2 3p$（$^2P_{1/2}$）的跃迁能受到刚球约束和自由电子屏蔽两方面的共同作用。当自由电子密度较低时，刚球半径较大，刚球约束引起的跃迁能红移量小于自由电子屏蔽引起的跃迁能蓝移量，所以 $1s^2 3s$（$^2S_{1/2}$）- $1s^2 3p$（$^2P_{1/2}$）的跃迁能随自由电子密度的升高而增大，即当自由电子密度较低时，$1s^2 3s$（$^2S_{1/2}$）- $1s^2 3p$（$^2P_{1/2}$）的跃迁光谱发生蓝移。然而，当自由电子密度较高时，刚球半径相对较小，刚球约束引起的跃迁能红移量大于自由电子屏蔽引起的跃迁能蓝移量，因此，$1s^2 3s$（$^2S_{1/2}$）- $1s^2 3p$（$^2P_{1/2}$）的跃迁能随自由电子密度的升高而减小，即当自由电子密度较高时，$1s^2 3s$（$^2S_{1/2}$）- $1s^2 3p$（$^2P_{1/2}$）的跃迁光谱发生红移。$N^{4+}$ 离子 $1s^2 3s$（$^2S_{1/2}$）- $1s^2 3p$（$^2P_{3/2}$）以及其他类锂离子（$Z$ = 8 ～ 11）$1s^2 3s$（$^2S_{1/2}$）- $1s^2 3p$（$^2P_{1/2,3/2}$）的跃迁光谱的变化原因与 $N^{4+}$ 离子 $1s^2 3s$（$^2S_{1/2}$）- $1s^2 3p$（$^2P_{1/2}$）的相同，不赘述。

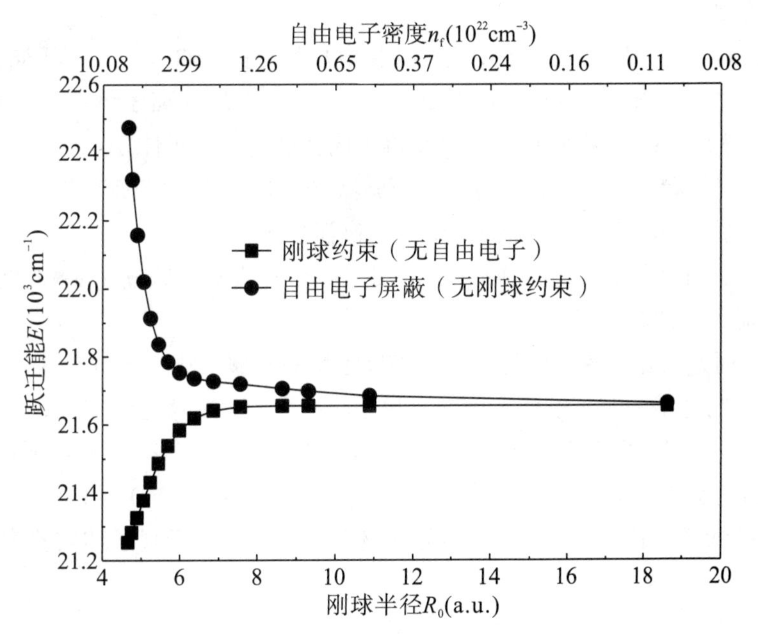


**图 8.6**　$N^{4+}$ **离子** $1s^2 3s$（$^2S_{1/2}$）- $1s^2 3p$（$^2P_{1/2}$）**的跃迁能随刚球半径和自由电子密度的变化情况**

从图 8.7 可以看出：$1s^2 3p$（$^2P_{1/2}$）- $1s^2 3d$（$^2D_{3/2}$）的跃迁能分别随刚球半径的减小和自由电子密度的升高总是增大的，因此，在稠密等离子体中，刚球约束和自由电子屏蔽共同导致 $N^{4+}$ 离子 $1s^2 3p$（$^2P_{1/2}$）- $1s^2 3d$（$^2D_{3/2}$）的跃迁能总是随自由电子密度的升高而增大。

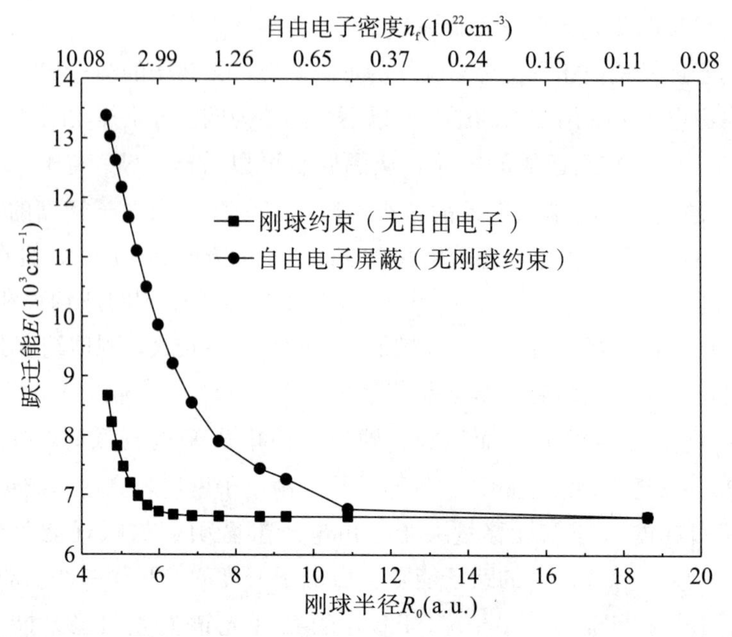


**图 8.7** $N^{4+}$ **离子** $1s^2 3p$ ($^2P_{1/2}$) - $1s^2 3d$ ($^2D_{3/2}$) **的跃迁能随刚球半径和自由电子密度的变化情况**

类锂离子（$Z=7\sim11$）$1s^2 3s$（$^2S_{1/2}$）- $1s^2 3p$（$^2P_{1/2,3/2}$）的跃迁光谱在自由电子密度较低时发生蓝移，在自由电子密度较高时发生红移的现象可以通过实验观测予以证实。实验方案如下：

步骤 1：对于某一靶物质，采用激光共振电离的方式，将处于 $1s^2 2s^2$ 特定能态靶物质的最外层电子激发电离，可以获得以基态 $1s^2 2s$ 为主的等离子体；通过调整激光参数、离子源初始状态、共振腔尺寸等可获得不同密度的等离子体。

步骤 2：采用激光共振跃迁的方式，调整激光波长、功率密度等参数，可将处于基态 $1s^2 2s$ 的离子共振激发，跃迁至 $1s^2 3p$ 这一高激发态能级。

步骤 3：采用激光发射光谱测量技术测定 $1s^2 3p$ 自发辐射跃迁至 $1s^2 3s$ 的荧光波长，可获得两种能态间的跃迁光谱。

步骤 4：通过对比步骤 1 中等离子体密度参数和步骤 3 中荧光光谱中心波长参数的匹配关系，可判定某一等离子体密度下，跃迁光谱发生了红移还是蓝移。

表 8.4 所示的是稠密等离子体中类锂离子（$Z=7\sim11$）$1s^2 3s$ -$1s^2 3p$ 的跃迁波长，$\lambda_1$ 和 $\lambda_2$ 分别表示 $1s^2 3s$（$^2S_{1/2}$）- $1s^2 3p$（$^2P_{1/2}$）和 $1s^2 3s$（$^2S_{1/2}$）- $1s^2 3p$（$^2P_{3/2}$）的跃迁波长。这些跃迁波长数据对于将来验证上述理论预测的的等离子体实验有着重要的参考价值。

**表 8.4　稠密等离子体中类锂离子 $1s^2 3s - 1s^2 3p$ 的跃迁波长**

| $N^{4+}$ | | | $O^{5+}$ | | | $F^{6+}$ | | | $Ne^{7+}$ | | | $Na^{8+}$ | | |
|---|---|---|---|---|---|---|---|---|---|---|---|---|---|---|
| $n_f$ | $\lambda_1$ | $\lambda_2$ | $n_f$ | $\lambda_1$ | $\lambda_2$ | $n_f$ | $\lambda_1$ | $\lambda_2$ | $n_f$ | $\lambda_1$ | $\lambda_2$ | $n_f$ | $\lambda_1$ | $\lambda_2$ |
| 0 | 4617.87 | 4598.76 | 0 | 3833.18 | 3806.91 | 0 | 3276.11 | 3241.81 | 0 | 2859.92 | 2816.50 | 0 | 2536.98 | 2483.48 |
| $1.00\times10^{21}$ | 4616.38 | 4597.28 | $1.00\times10^{21}$ | 3831.56 | 3805.32 | $1.00\times10^{21}$ | 3274.93 | 3240.55 | $1.00\times10^{21}$ | 2859.02 | 2815.63 | $1.00\times10^{21}$ | 2536.33 | 2482.87 |
| $5.00\times10^{21}$ | 4611.70 | 4592.84 | $5.00\times10^{21}$ | 3825.26 | 3799.39 | $5.00\times10^{21}$ | 3269.90 | 3235.83 | $5.00\times10^{21}$ | 2855.43 | 2812.15 | $5.00\times10^{21}$ | 2533.70 | 2480.40 |
| $8.00\times10^{21}$ | 4608.72 | 4590.31 | $1.00\times10^{22}$ | 3817.67 | 3791.90 | $1.00\times10^{22}$ | 3263.71 | 3229.87 | $1.00\times10^{22}$ | 2850.87 | 2807.88 | $1.00\times10^{22}$ | 2530.43 | 2477.39 |
| $1.00\times10^{22}$ | 4607.02 | 4589.05 | $2.00\times10^{22}$ | 3803.29 | 3778.15 | $3.00\times10^{22}$ | 3239.81 | 3207.08 | $4.00\times10^{22}$ | 2824.38 | 2782.80 | $5.00\times10^{22}$ | 2504.82 | 2453.45 |
| $1.50\times10^{22}$ | 4607.02 | 4589.05 | $3.00\times10^{22}$ | 3790.89 | 3766.48 | $5.00\times10^{22}$ | 3217.40 | 3185.63 | $7.00\times10^{22}$ | 2798.77 | 2758.62 | $1.00\times10^{23}$ | 2473.72 | 2424.48 |
| $2.00\times10^{22}$ | 4615.10 | 4597.70 | $4.00\times10^{22}$ | 3782.72 | 3759.12 | $7.00\times10^{22}$ | 3197.54 | 3166.96 | $1.00\times10^{23}$ | 2774.54 | 2735.75 | $1.50\times10^{23}$ | 2444.15 | 2396.87 |
| $2.50\times10^{22}$ | 4636.93 | 4620.22 | $5.00\times10^{22}$ | 3781.15 | 3758.41 | $9.00\times10^{22}$ | 3181.98 | 3152.68 | $1.30\times10^{23}$ | 2752.32 | 2715.03 | $2.00\times10^{23}$ | 2415.87 | 2370.68 |
| $3.00\times10^{22}$ | 4676.39 | 4661.14 | $6.00\times10^{22}$ | 3787.74 | 3766.62 | $1.00\times10^{23}$ | 3176.12 | 3147.62 | $1.60\times10^{23}$ | 2732.02 | 2696.36 | $2.50\times10^{23}$ | 2389.09 | 2346.15 |
| $3.50\times10^{22}$ | 4735.75 | 4722.77 | $7.00\times10^{22}$ | 3804.02 | 3784.87 | $1.20\times10^{23}$ | 3168.67 | 3142.28 | $1.90\times10^{23}$ | 2714.07 | 2680.46 | $3.00\times10^{23}$ | 2363.90 | 2323.47 |
| $4.00\times10^{22}$ | 4816.26 | 4806.77 | $8.00\times10^{22}$ | 3830.24 | 3813.88 | $1.40\times10^{23}$ | 3167.16 | 3143.57 | $2.20\times10^{23}$ | 2698.76 | 2667.59 | $3.50\times10^{23}$ | 2340.33 | 2302.87 |
| $4.50\times10^{22}$ | 4918.60 | 4913.76 | $9.00\times10^{22}$ | 3866.68 | 3854.16 | $1.60\times10^{23}$ | 3171.99 | 3152.39 | $2.50\times10^{23}$ | 2686.08 | 2657.95 | $4.00\times10^{23}$ | 2318.46 | 2284.67 |
| $4.97\times10^{22}$ | 5035.25 | 5036.77 | $1.00\times10^{23}$ | 3913.89 | 3906.56 | $1.80\times10^{23}$ | 3184.10 | 3169.27 | $2.80\times10^{23}$ | 2676.37 | 2652.03 | $4.50\times10^{23}$ | 2298.64 | 2269.01 |
| $5.00\times10^{22}$ | 5043.37 | 5045.41 | $1.05\times10^{23}$ | 3938.87 | 3934.37 | $1.98\times10^{23}$ | 3201.33 | 3191.93 | $3.10\times10^{23}$ | 2670.01 | 2650.34 | $5.00\times10^{23}$ | 2281.39 | 2256.62 |
| $5.50\times10^{22}$ | 5191.57 | 5202.64 | $1.10\times10^{23}$ | 3969.20 | 3968.25 | $2.00\times10^{23}$ | 3203.69 | 3194.89 | $3.40\times10^{23}$ | 2667.88 | 2653.29 | $5.50\times10^{23}$ | 2267.42 | 2248.30 |
| $6.00\times10^{22}$ | 5364.81 | 5387.64 | $1.20\times10^{23}$ | 4038.94 | 4045.96 | $2.20\times10^{23}$ | 3231.75 | 3230.60 | $3.50\times10^{23}$ | 2668.16 | 2655.62 | $5.60\times10^{23}$ | 2265.01 | 2247.09 |
| $6.41\times10^{22}$ | 5527.61 | 5562.66 | $1.30\times10^{23}$ | 4121.67 | 4139.07 | $2.40\times10^{23}$ | 3269.68 | 3277.72 | $3.70\times10^{23}$ | 2670.37 | 2661.98 | $6.00\times10^{23}$ | 2257.49 | 2244.77 |
| | | | $1.34\times10^{23}$ | 4162.85 | 4185.15 | $2.49\times10^{23}$ | 3291.64 | 3304.80 | $4.00\times10^{23}$ | 2678.38 | 2677.09 | $6.50\times10^{23}$ | 2252.71 | 2247.19 |
| | | | | | | | | | $4.25\times10^{23}$ | 2690.12 | 2695.71 | $6.85\times10^{23}$ | 2252.91 | 2252.96 |

注：自由电子密度 $n_f$ 的单位为 $cm^{-3}$，跃迁波长 $\lambda_1$、$\lambda_2$ 的单位为 Å。

## 8.3 小结

本章采用 MCDF 方法结合离子球模型研究了稠密等离子体中类锂离子（$Z=7\sim11$）的能级、跃迁能、跃迁概率、振子强度和线强度。结果表明，类锂离子束缚电子的活动空间扩展至 $n=7$，即可充分描述束缚电子间的关联效应；所计算的类锂离子的跃迁能和跃迁概率与 NIST 的推荐值符合得非常好。采用经典转折点半径法估算的 $1s^2 3d$ 原子态的临界自由电子密度可能是偏大的，这是因为离子球模型中没有考虑电子间碰撞的动力学效应。随着自由电子密度的升高，类锂离子 $1s^2 2p$ 原子态的能级不断升高，而 $1s^2 3s$、$1s^2 3p$ 和 $1s^2 3d$ 原子态的能级不断降低。除 $1s^2 3s$（$^2S_{1/2}$）- $1s^2 3p$（$^2P_{1/2,3/2}$）跃迁外，主量子数不变（$\Delta n=0$）的跃迁对应的跃迁能随自由电子密度的升高而不断增大，主量子数变化（$\Delta n\neq0$）的跃迁对应的跃迁能随自由电子密度的升高而不断减小。本章发现了一个现象：类锂离子（$Z=7\sim11$）$1s^2 3s$ - $1s^2 3p$ 的跃迁光谱在自由电子密度较低时发生蓝移，而在自由电子密度较高时发生红移。其原因如下：用离子球模型描述稠密等离子体的屏蔽效应包括刚球约束和自由电子屏蔽两方面的作用。当自由电子密度较低时，刚球半径相对较大，刚球约束引起的跃迁能红移量小于自由电子屏蔽引起的跃迁能蓝移量，所以 $1s^2 3s$ - $1s^2 3p$ 的跃迁光谱发生蓝移；而当自由电子密度较高时，刚球半径相对较小，刚球约束引起的跃迁能红移量大于自由电子屏蔽引起的跃迁能蓝移量，所以 $1s^2 3s$ - $1s^2 3p$ 的跃迁光谱发生红移。

# 第 9 章 类锂铝离子的结构和性质

## 9.1 理论方法

本章用 MCDF 方法结合均匀电子气离子球模型（UEGISM）研究了稠密等离子体中类锂铝离子的原子结构和跃迁参数随自由电子密度的变化情况。在用 MCDF 方法计算自由态原子结构时，可以按照主量子数逐层扩展组态，直至所计算的原子结构数据收敛为止。但在用离子球模型描述的稠密等离子体中，尤其是当等离子体的密度较高时，离子球半径较小，束缚电子的活动空间受到显著限制。同时，等离子体中的组态序列应该与真空条件下的组态序列完全相同；否则，所计算的等离子体中的原子结构数据（如能级移动量、电离势降低等）是无意义的。故我们适当选取了相对论轨道和组态序列，即分别将所计算的原子态 $1s^2 2s$、$1s^2 2p$、$1s^2 3s$、$1s^2 3p$ 和 $1s^2 3d$ 作为参考组态，将其中的束缚电子双激发至当前参考组态的最高占据轨道以产生组态序列。也就是说，将组态 $1s^2 2s$、$1s^2 2p$、$1s^2 3s$、$1s^2 3p$ 和 $1s^2 3d$ 中的束缚电子分别双激发至 1s、2s，1s、2s、2p-、2p，1s、2s、2p-、2p、3s，1s、2s、2p-、2p、3s、3p-、3p，1s、2s、2p-、2p、3s、3p-、3p、3d-、3d 轨道以产生各个原子态所对应的组态序列。在等离子体中，为了保持离子球外面的电中性状态，将离子球外面的径向波函数值直接设置为零。其余的理论方法与第 2、3 章中介绍的相同，不赘述。

## 9.2 结果与讨论

### 9.2.1 自由类锂铝离子的跃迁能和跃迁概率

本小节采用 MCDF 方法分别计算了自由类锂铝离子 $1s^2 2s$、$1s^2 2p$、$1s^2 3s$、$1s^2 3p$ 和 $1s^2 3d$ 原子态的能级和不同原子态间的电偶极跃迁概率和振子强度，并与 NIST 的推荐值[102]进行了比较，以确保所选取的组态序列较为合理。另外，本章列出的跃迁概率和振子强度均为长度规范下的值。表 9.1 所示的是自由类锂铝离子不同原子态间电偶极跃迁的跃迁能和跃迁概率。从表 9.1 可以看出：我们所计算的跃迁能和跃迁概率与 NIST 的推荐值[102]符合得较好，说明我们所选取的组态序列能够较好地描述束缚电子间的关联效应。但是 $1s^23p$ - $1s^23d$ 的跃迁能和跃迁概率与 NIST 的推荐值[102]的相对误差较大，这是由于组态序列中所包含的组态数目较少，未能充分考虑束缚电子间的关联效应。

**表 9.1　自由类锂铝离子不同原子态间电偶极跃迁的跃迁能和跃迁概率**

| 跃迁 | $E$ ($cm^{-1}$) | | | $A$ ($s^{-1}$) | | |
|---|---|---|---|---|---|---|
| | 本章 | 文献［102］ | 误差 1 | 本章 | 文献［102］ | 误差 2 |
| $1s^22s$ ($^2S_{1/2}$) - $1s^22p$ ($^2P_{1/2}$) | 176686 | 176019 | 0.38 | $7.83\times10^8$ | $7.68\times10^8$ | 1.96 |
| $1s^22s$ ($^2S_{1/2}$) - $1s^22p$ ($^2P_{3/2}$) | 182911 | 181808 | 0.61 | $8.71\times10^8$ | $8.51\times10^8$ | 2.43 |
| $1s^22s$ ($^2S_{1/2}$) - $1s^23p$ ($^2P_{1/2}$) | 2068348 | 2068770 | 0.02 | $3.16\times10^{11}$ | $3.18\times10^{11}$ | 0.61 |
| $1s^22s$ ($^2S_{1/2}$) - $1s^23p$ ($^2P_{3/2}$) | 2070184 | 2070520 | 0.02 | $3.13\times10^{11}$ | $3.16\times10^{11}$ | 0.83 |
| $1s^22p$ ($^2P_{1/2}$) - $1s^23s$ ($^2S_{1/2}$) | 1843351 | 1844431 | 0.06 | $4.82\times10^{10}$ | $4.80\times10^{10}$ | 0.43 |
| $1s^22p$ ($^2P_{3/2}$) - $1s^23s$ ($^2S_{1/2}$) | 1837126 | 1838642 | 0.08 | $9.75\times10^{10}$ | $9.63\times10^{10}$ | 1.22 |
| $1s^22p$ ($^2P_{1/2}$) - $1s^23d$ ($^2D_{3/2}$) | 1910772 | 1912081 | 0.07 | $8.15\times10^{11}$ | $8.15\times10^{11}$ | 0.06 |
| $1s^22p$ ($^2P_{3/2}$) - $1s^23d$ ($^2D_{3/2}$) | 1904547 | 1906292 | 0.09 | $1.62\times10^{11}$ | $1.61\times10^{11}$ | 0.85 |
| $1s^22p$ ($^2P_{3/2}$) - $1s^23d$ ($^2D_{5/2}$) | 1905079 | 1906722 | 0.09 | $9.74\times10^{11}$ | $9.74\times10^{11}$ | 0.03 |
| $1s^23s$ ($^2S_{1/2}$) - $1s^23p$ ($^2P_{1/2}$) | 48309 | 48320 | 0.02 | $9.80\times10^7$ | $9.82\times10^7$ | 0.20 |
| $1s^23s$ ($^2S_{1/2}$) - $1s^23p$ ($^2P_{3/2}$) | 50145 | 50070 | 0.15 | $1.10\times10^8$ | $1.09\times10^8$ | 0.75 |
| $1s^23p$ ($^2P_{1/2}$) - $1s^23d$ ($^2D_{3/2}$) | 19111 | 19330 | 1.13 | $3.97\times10^6$ | $4.11\times10^6$ | 3.45 |
| $1s^23p$ ($^2P_{3/2}$) - $1s^23d$ ($^2D_{3/2}$) | 17275 | 17580 | 1.73 | $5.86\times10^5$ | $6.18\times10^5$ | 5.22 |
| $1s^23p$ ($^2P_{3/2}$) - $1s^23d$ ($^2D_{5/2}$) | 17807 | 18010 | 1.13 | $3.85\times10^6$ | $3.99\times10^6$ | 3.43 |

注：误差 1 和误差 2 分别表示本章所计算的跃迁能和跃迁概率与 NIST 的推荐值的相对误差。

### 9.2.2　稠密等离子体中类锂铝离子的能级

表 9.2 所示的是稠密等离子体中类锂铝离子 $1s^22p$ ($^2P_{1/2,3/2}$)、$1s^23s$ ($^2S_{1/2}$)、$1s^23p$ ($^2P_{1/2,3/2}$) 和 $1s^23d$ ($^2D_{3/2,5/2}$) 原子态在不同自由电子密度下的能级。

**表 9.2　稠密等离子体中类锂铝离子各原子态在不同自由电子密度下的能级**

| $n_f$ ($cm^{-3}$) | $E_l$ ($cm^{-1}$) | | | | | | |
|---|---|---|---|---|---|---|---|
| | $1s^22p$ ($^2P_{1/2}$) | $1s^22p$ ($^2P_{3/2}$) | $1s^23s$ ($^2S_{1/2}$) | $1s^23p$ ($^2P_{1/2}$) | $1s^23p$ ($^2P_{3/2}$) | $1s^23d$ ($^2D_{3/2}$) | $1s^23d$ ($^2D_{5/2}$) |
| 0 | 176686 | 182911 | 2020038 | 2068348 | 2070184 | 2087459 | 2087991 |
| $1.0\times10^{22}$ | 176732 | 182957 | 2019179 | 2067570 | 2069404 | 2086958 | 2087490 |
| $5.0\times10^{22}$ | 176915 | 183137 | 2015728 | 2064448 | 2066271 | 2084947 | 2085475 |
| $8.0\times10^{22}$ | 177053 | 183272 | 2013127 | 2062092 | 2063907 | 2083429 | 2083955 |
| $1.0\times10^{23}$ | 177144 | 183362 | 2011386 | 2060515 | 2062325 | 2082413 | 2082937 |
| $3.0\times10^{23}$ | 178061 | 184265 | 1993658 | 2044419 | 2046173 | 2072026 | 2072538 |
| $5.0\times10^{23}$ | 178979 | 185168 | 1975059 | 2027445 | 2029132 | 2061106 | 2061597 |
| $7.0\times10^{23}$ | 179898 | 186072 | 1954780 | 2008808 | 2010396 | 2049277 | 2049738 |
| $9.0\times10^{23}$ | 180818 | 186978 | 1931946 | 1987648 | 1989082 | 2036038 | 2037210 |
| $1.0\times10^{24}$ | 181279 | 187431 | 1919390 | 1975925 | 1977257 | 2029882 | 2030242 |
| $1.1\times10^{24}$ | 181740 | 187884 | 1909859 | 1963379 | 1964592 | 2022517 | 2022846 |
| $1.2\times10^{24}$ | 182201 | 188338 | 1896861 | 1949975 | 1951054 | 2014646 | 2014873 |
| $1.3\times10^{24}$ | 182662 | 188791 | 1883218 | 1935735 | 1936667 | 2006227 | 2006364 |
| $1.4\times10^{24}$ | 183124 | 189246 | 1868873 | 1920602 | 1921378 | 1997159 | 1993566 |
| $1.5\times10^{24}$ | 183586 | 189700 | 1853915 | 1904620 | 1905234 | 1982891 | 1982787 |
| $3.0\times10^{24}$ | 190560 | 196554 | | | | | |
| $5.0\times10^{24}$ | 199530 | 205324 | | | | | |
| $7.0\times10^{24}$ | 208522 | 214030 | | | | | |
| $9.0\times10^{24}$ | 216964 | 222069 | | | | | |
| $1.0\times10^{25}$ | 221251 | 226104 | | | | | |
| $1.1\times10^{25}$ | 225510 | 230081 | | | | | |
| $1.2\times10^{25}$ | 229687 | 233942 | | | | | |
| $1.3\times10^{25}$ | 233623 | 237533 | | | | | |
| $1.4\times10^{25}$ | 237331 | 240868 | | | | | |
| $1.5\times10^{25}$ | 240647 | 243786 | | | | | |
| $1.6\times10^{25}$ | 243935 | 246653 | | | | | |

图 9.1 所示的是稠密等离子体中类锂铝离子 $1s^22p$ ($^2P_{1/2,3/2}$) 原子态的能级随自由电子密度的变化情况。从图 9.1 可以看出：$1s^22p$ ($^2P_{1/2,3/2}$) 的能级随自由电子密度的升高几乎呈线性升高；$1s^22p$ ($^2P_{3/2}$) 的能级始终高于 $1s^22p$ ($^2P_{1/2}$) 的能级，这与真空条件下的能级序列相同（见表 9.1 的能级数据）；$1s^22p$ ($^2P_{1/2}$) 与 $1s^22p$ ($^2P_{3/2}$) 的能级间距随自由电子密度的升高而逐渐减小。

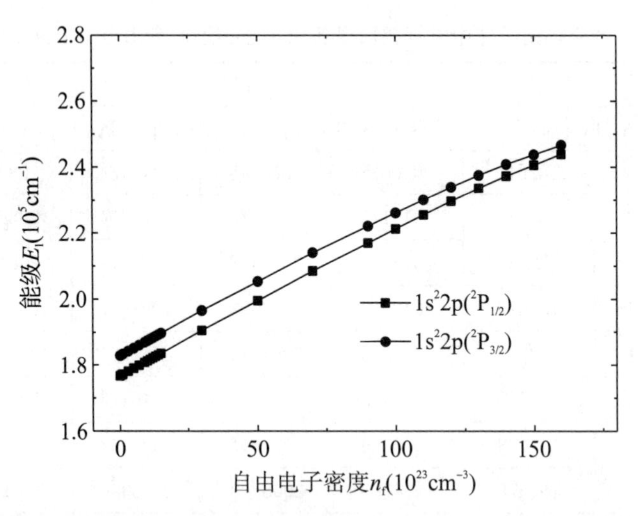


**图 9.1　稠密等离子体中类锂铝离子 $1s^22p$（$^2P_{1/2,3/2}$）原子态的能级随自由电子密度的变化情况**

图 9.2 所示的是稠密等离子体中类锂铝离子 $1s^23s$、$1s^23p$ 和 $1s^23d$ 的能级随自由电子密度的变化情况。从图 9.2 可以看出：$1s^23s$（$^2S_{1/2}$）、$1s^23p$（$^2P_{1/2,3/2}$）和 $1s^23d$（$^2D_{3/2,5/2}$）三组能级随自由电子密度的升高几乎呈线性降低。与 $1s^22p$（$^2P_{1/2,3/2}$）的能级不同，$1s^23p$（$^2P_{1/2,3/2}$）和 $1s^23d$（$^2D_{3/2,5/2}$）的能级始终呈合并状态，这是由于真空条件下 $1s^22p$（$^2P_{1/2,3/2}$）的能级间距较大，而 $1s^23p$（$^2P_{1/2,3/2}$）和 $1s^23d$（$^2D_{3/2,5/2}$）的能级间距较小（见表 9.1 的能级数据）。$1s^23d$（$^2D_{3/2,5/2}$）的能级与 $1s^23s$（$^2S_{1/2}$）和 $1s^23p$（$^2P_{1/2,3/2}$）的能级相比，随自由电子密度的升高下降得较为缓慢。这是因为 3d 轨道的平均半径比 3s 和 3p 轨道的略微大一些，3d 轨道上的束缚电子与 3s 和 3p 轨道上的束缚电子相比，其感受到的有效核势随自由电子密度的升高下降得较为缓慢，从而使得其能级也下降得较为缓慢。

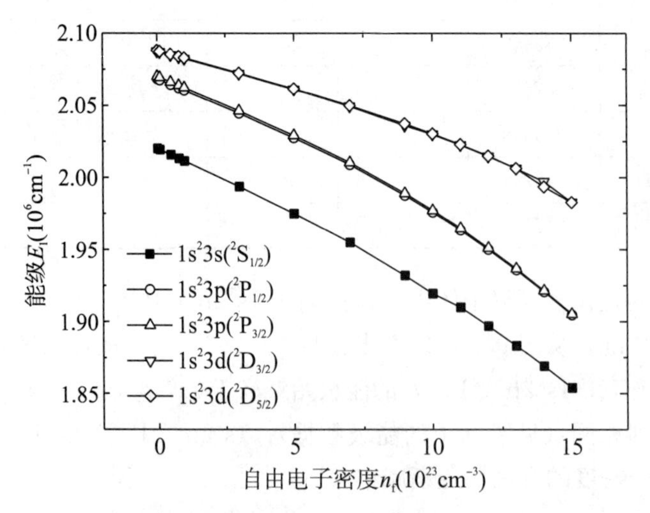


**图 9.2　稠密等离子体中类锂铝离子 $1s^23s$、$1s^23p$ 和 $1s^23d$ 的能级随自由电子密度的变化情况**

### 9.2.3　同一主量子数间的跃迁

针对我们所计算的能级，$1s^22s$（$^2S_{1/2}$）- $1s^22p$（$^2P_{1/2,3/2}$）、$1s^23s$（$^2S_{1/2}$）- $1s^23p$（$^2P_{1/2,3/2}$）和 $1s^23p$（$^2P_{1/2,3/2}$）- $1s^23d$（$^2D_{3/2,5/2}$）的跃迁属于同一主量子数间的跃迁。$1s^22s$（$^2S_{1/2}$）- $1s^22p$（$^2P_{1/2,3/2}$）的跃迁能与 $1s^22p$（$^2P_{1/2,3/2}$）的能级相等，其随自由电子密度的变化趋势如图 9.1 所示。跃迁概率和振子强度随自由电子密度的变化趋势与跃迁能的完全相似，不赘述。

图 9.3 所示的是稠密等离子体中类锂铝离子同一主量子数间的跃迁能。从图 9.3 可以看出：$1s^23p$（$^2P_{1/2,3/2}$）- $1s^23d$（$^2D_{3/2,5/2}$）的跃迁能随自由电子密度的升高而逐渐增大。从图 9.3 还可以看出：$1s^23s$（$^2S_{1/2}$）- $1s^23p$（$^2P_{1/2,3/2}$）的跃迁能随自由电子密度的升高先增大后减小，即当自由电子密度小于或者等于 $1.0\times10^{24}\,cm^{-3}$ 时，跃迁能随自由电子密度的升高而增大，但当自由电子密度大于 $1.0\times10^{24}\,cm^{-3}$ 时，跃迁能随自由电子密度的升高而减小。一般情况下，同一主量子数间的跃迁对应的光谱随自由电子密度的升高总是发生蓝移[22]，而 $1s^23s$（$^2S_{1/2}$）- $1s^23p$（$^2P_{1/2,3/2}$）的跃迁对应的光谱随自由电子密度的升高先蓝移后红移，这一现象还需进一步的理论研究和实验观测来证实。

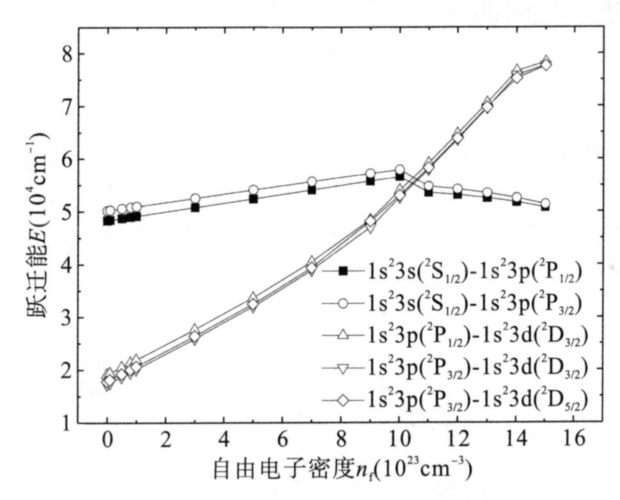


**图 9.3　稠密等离子体中类锂铝离子同一主量子数间的跃迁能**

图 9.4 所示的是稠密等离子体中类锂铝离子同一主量子数间的跃迁概率。从图 9.4 可以看出：$1s^23s$（$^2S_{1/2}$）- $1s^23p$（$^2P_{1/2,3/2}$）的跃迁概率随自由电子密度的变化趋势与跃迁能的完全相似；总角量子数变化为 1（$\Delta J=1$）时对应的跃迁概率总是大于总角量子数变化为 0（$\Delta J=0$）时对应的跃迁概率，即 $1s^23s$（$^2S_{1/2}$）- $1s^23p$（$^2P_{3/2}$）的跃迁概率总是大于 $1s^23s$（$^2S_{1/2}$）- $1s^23p$（$^2P_{1/2}$）的跃迁概率。$1s^23p$（$^2P_{1/2,3/2}$）- $1s^23d$（$^2D_{3/2,5/2}$）的跃迁概率随自由电子密度的升高而逐渐增大；与 $1s^23s$（$^2S_{1/2}$）- $1s^23p$（$^2P_{1/2,3/2}$）的相似，也是初末态间的总角量子数变化为 1（$\Delta J=1$）时对应的跃迁概率总是大于总角量子数变化为 0（$\Delta J=0$）时对应的跃迁概率；$1s^23p$（$^2P_{1/2}$）- $1s^23d$（$^2D_{3/2}$）和 $1s^23p$（$^2P_{3/2}$）- $1s^23d$（$^2D_{5/2}$）的跃迁概率随自由电子密度的升高而增大得

较快，但$1s^23p$（$^2P_{3/2}$）-$1s^23d$（$^2D_{3/2}$）的跃迁概率随自由电子密度的升高而增大得较为缓慢。

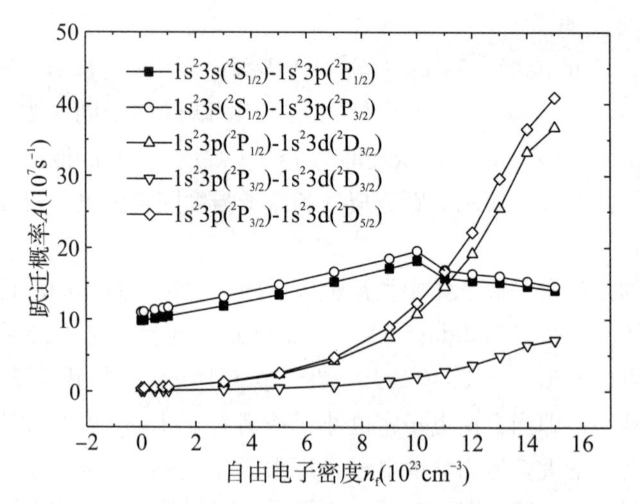


**图 9.4　稠密等离子体中类锂铝离子同一主量子数间的跃迁概率**

## 9.2.4　不同主量子数间的跃迁

$1s^22s$（$^2S_{1/2}$）-$1s^23p$（$^2P_{1/2,3/2}$）、$1s^22p$（$^2P_{1/2,3/2}$）-$1s^23s$（$^2S_{1/2}$）、$1s^22p$（$^2P_{1/2,3/2}$）-$1s^23d$（$^2D_{3/2,5/2}$）的跃迁属于不同主量子数间的跃迁。图 9.5 所示的是稠密等离子体中类锂铝离子不同主量子数间的跃迁能。从图 9.5 可以看出：不同主量子数间的跃迁对应的跃迁能随自由电子密度的升高几乎呈线性减小；$1s^22p$（$^2P_{1/2,3/2}$）-$1s^23s$（$^2S_{1/2}$）的跃迁能最小，$1s^22s$（$^2S_{1/2}$）-$1s^23p$（$^2P_{1/2,3/2}$）的跃迁能最大。

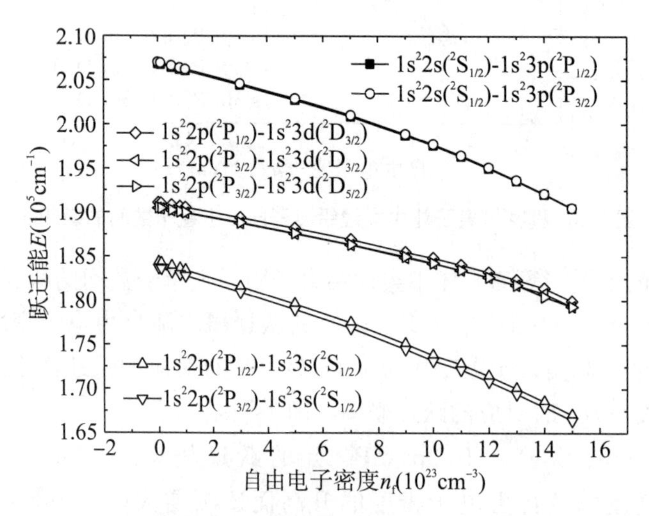


**图 9.5　稠密等离子体中类锂铝离子不同主量子数间的跃迁能**

图 9.6 所示的是稠密等离子体中类锂铝离子不同主量子数间的跃迁概率。从图 9.6 可以看出：不同主量子数间的跃迁概率随自由电子密度的升高几乎呈线性缓慢减小；在

同一组跃迁精细结构中，与同一主量子数间的跃迁相似，初末态间的总角量子数变化为 1（$\Delta J=1$）时对应的跃迁概率总是大于初末态间的总角量子数变化为 0（$\Delta J=0$）时对应的跃迁概率。稠密等离子体中类锂铝离子的振子强度随自由电子密度的变化趋势与相应的跃迁概率的相似，不赘述。

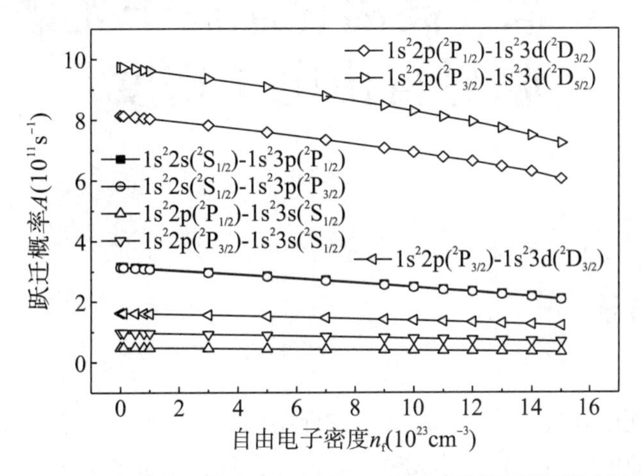


**图 9.6　稠密等离子体中类锂铝离子不同主量子数间的跃迁概率**

## 9.3　小结

本章采用 MCDF 方法，结合均匀电子气离子球模型研究了稠密等离子体中类锂铝离子主量子数 $n\leqslant 3$ 时所有原子态的能级、跃迁能、跃迁概率和振子强度等随自由电子密度的变化情况。$1s^2 2p$（$^2P_{1/2,3/2}$）的能级随自由电子密度的升高而不断升高，但 $1s^2 3s$（$^2S_{1/2}$）、$1s^2 3p$（$^2P_{1/2,3/2}$）和 $1s^2 3d$（$^2D_{3/2,5/2}$）的能级随自由电子密度的升高而不断降低。不同主量子数间的跃迁对应的跃迁能、跃迁概率和振子强度等跃迁参数随自由电子密度的升高均不断减小。除 $1s^2 3s$（$^2S_{1/2}$）- $1s^2 3p$（$^2P_{1/2,3/2}$）的跃迁外，同一主量子数间的跃迁对应的跃迁能、跃迁概率和振子强度等跃迁参数随自由电子密度的升高均不断增大。

当自由电子密度小于或者等于 $1.0\times 10^{24}$ $cm^{-3}$时，$1s^2 3s$（$^2S_{1/2}$）- $1s^2 3p$（$^2P_{1/2,3/2}$）的跃迁参数随自由电子密度的升高而增大，但当自由电子密度大于 $1.0\times 10^{24}$ $cm^{-3}$时，其跃迁参数随自由电子密度的升高而减小。$1s^2 3s$（$^2S_{1/2}$）- $1s^2 3p$（$^2P_{1/2,3/2}$）的跃迁对应的光谱随自由电子密度的升高先蓝移后红移，这一现象还需进一步的理论研究和实验观测来证实。在同一组跃迁精细结构中，初末态间的总角量子数变化为 1（$\Delta J=1$）时对应的跃迁概率和振子强度较大，而初末态间的总角量子数变化为 0（$\Delta J=0$）时的则相对较小。

# 第 10 章　高离化态离子光谱的临界自由电子密度

## 10.1　理论方法

本章所用的理论方法与第 2、3、4 章中介绍的大体相似，这里仅介绍改进之处。因为离子球外面总的电势为零，并非无穷大，所以束缚电子是可以运动到离子球外面的。因此，我们允许束缚电子隧穿至离子球外面，即离子球外面束缚电子的径向波函数值逐渐衰减至零，而不是通常情况下要求离子球外面束缚电子的径向波函数值始终为零。在新的径向波函数边界条件下，其归一化条件变为下式：

$$\int_0^\infty (P_{nk}^2(r) + Q_{nk}^2(r))\mathrm{d}r = 1 \tag{10.1}$$

为了维持整个离子球呈电中性状态，当前离子球中隧穿出去多少个束缚电子，则从相邻离子球中隧穿进来多少个自由电子，其余细节见下面的具体讨论。

## 10.2　结果与讨论

### 10.2.1　自由类氢（氦）碳、铝和氩离子的跃迁能

类氢离子只有一个束缚电子，故不存在束缚电子间的关联效应。然而，类氦离子存在两个束缚电子，因此束缚电子间的关联效应不可忽略。本章用 MCDF 方法描述束缚电子间的关联效应和相对论效应。原子态波函数（ASFs）是由具有相同宇称和角动量的组态波函数（CSFs）的线性组合得到的。组态波函数序列是通过双激发参考组态占据轨道上的束缚电子到非占据轨道而构成的。对于 $1s^2$ ASF，其 CSFs 仅由 $1s^2$ 参考组态组成。对于 1s2p、1s3p 和 1s4p（$J=1$）ASFs，其 CSFs 分别由双激发 1s2p、1s3p 和 1s4p（$J=1$）参考组态上的束缚电子到 1s 和 $n$l（l=s,p）轨道而构成，其中 $n$ 分别等于 2、2～3 和 2～4。

表 10.1 所示的是自由类氦碳、铝和氩离子 $1s^2$（$^1S^e$）- 1s$n$p（$^1P^o$）（$n$=2～4）的跃迁能。从表 10.1 可以看出：本章用 MCDF 方法计算的类氦碳、铝和氩离子的跃迁能

与 NIST 的推荐值[102]符合得很好。除类氦碳离子外，与 Sil 等用非相对论方法计算的结果[54]相比，我们计算的类氦铝和氩离子的跃迁能更加接近于 NIST 的推荐值[102]。另外，我们计算的类氢碳、铝和氩离子的跃迁能也与 NIST 的推荐值[102]符合得非常好。因此，本章选用的组态序列较充分地考虑了束缚电子间的关联效应。

**表 10.1　自由类氦碳、铝和氩离子 $1s^2$ ($^1S^e$) - $1snp$ ($^1P^o$) ($n=2\sim4$) 的跃迁能**

| 跃迁 | $E$ (a.u.) | | | | | | | | |
|---|---|---|---|---|---|---|---|---|---|
| | $C^{4+}$ | | | $Al^{11+}$ | | | $Ar^{16+}$ | | |
| | 文献[102] | 本章 | 文献[54] | 文献[102] | 本章 | 文献[54] | 文献[102] | 本章 | 文献[54] |
| $1s^2$ - 1s2p | 11.3328 | 11.2825 | 11.3151 | 58.6513 | 58.7407 | 58.7361 | 114.9504 | 115.4537 | 115.3775 |
| $1s^2$ - 1s3p | 13.0383 | 12.9894 | 13.0282 | 68.5678 | 68.6699 | 68.6737 | 134.8985 | 135.4459 | 135.3789 |
| $1s^2$ - 1s4p | 13.6397 | 13.5907 | 13.6310 | 72.0519 | 72.1577 | 72.1635 | 141.8999 | 142.4633 | 142.3994 |

## 10.2.2　径向波函数

在离子球模型中，离子球外面总的电势为零，因此，束缚电子可以从离子球里面运动到离子球外面。然而，在许多研究工作中，研究者将离子球外面的径向波函数值直接设置为零。在这些研究报道中，这个假定是合理的，因为在他们所选择的自由电子密度范围内，束缚电子运动到离子球外面的概率是等于或者接近于零的。当自由电子密度较高时，束缚电子运动到离子球外面的概率是比较大的，假定离子球外面的径向波函数值为零是不合理的，因为这个假定意味着离子球外面是一个无限高势垒。因此，本章采用的径向波函数边界条件与自由原子的相同，即若径向波函数值在离子球的球面上不为零，则要求其在离子球外面逐渐衰减至零。这个假定最初是由 Massacriert 等[130]提出的，并已被 Belkhiri 等[69,131]用于稠密等离子体中原子结构的计算。

在离子球模型中，整个离子球应该呈电中性状态，但由于允许束缚电子从离子球里面运动到离子球外面而导致 Belkhiri 等所使用的离子球模型不能很好地维持电中性状态。对于类氢（氦）离子，我们通过计算发现，随着自由电子密度的升高，运动到离子球外面的束缚电子数逐渐增加，但即使在所选择的自由电子密度最高时，运动到离子球外面的束缚电子数也是小于 0.2 的。尽管运动到离子球外面的束缚电子数相对较小，但离子球的电中性条件仍然被破坏了。在本章中，为了维持离子球的电中性状态，当一定数量的束缚电子运动到离子球外面时，允许邻近离子球中相同数量的自由电子进入当前离子球中。因此，当前离子球和邻近离子球仍然维持电中性状态，离子球外面不存在电流。

为了检验我们所使用的径向波函数边界条件的合理性，在图 10.1 中画出了 $Al^{11+}$ 离子的 2p 径向波函数随自由电子密度的变化情况。从图 10.1 可以看出：径向波函数随自由电子密度的升高而逐渐远离原子核。其原因如下：离子球里面的自由电子数随自由电子密度的升高而增加，因此自由电子对原子核的屏蔽强度逐渐增大，束缚电子感受到的原子核的吸引力逐渐减小，故束缚电子在离原子核较远处运动的概率逐渐增加，即径向波函数逐渐远离原子核。从图 10.1 还可以看出：当自由电子密度分别为 $1.0\times10^{25}\,\text{cm}^{-3}$ 和 $2.7\times10^{25}\,\text{cm}^{-3}$ 时，在离子球的球面上径向波函数值分别为 0.2 和 0.65，这表明束缚电子运动到离子球外面的概率随自由电子密度的升高而增加。如果将离子球外面的径向波函数值直接设置为零，则当自由电子密度分别为 $1.0\times10^{25}\,\text{cm}^{-3}$ 和 $2.7\times10^{25}\,\text{cm}^{-3}$ 时，在离子球的球面上径向波函数值一定分别大于 0.2 和大于 0.65；由此可知，随着自由电子密度的升高，径向波函数的不连续性变得越来越严重，这在物理上是不合理的，因为径向波函数在整个空间中应该连续。因此，当束缚电子径向波函数值在离子球的球面上不为零时，要求其在离子球外面逐渐衰减至零是比较合理的。

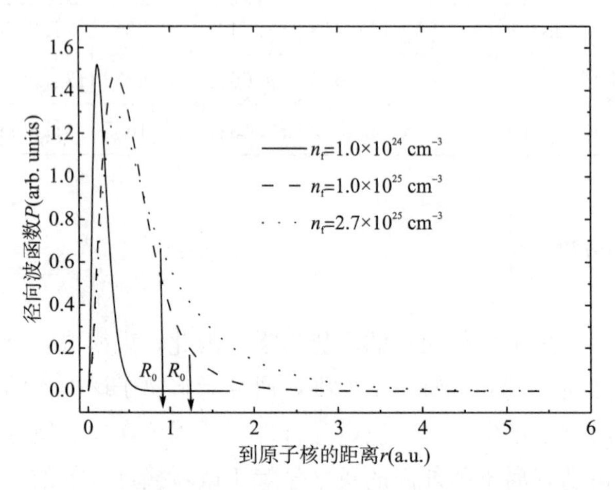


**图 10.1** $Al^{11+}$ **离子的 2p 径向波函数随自由电子密度的变化情况**

图 10.2 所示的是当自由电子密度为 $2.4\times10^{25}\,\text{cm}^{-3}$ 时，$Al^{11+}$ 离子 2p 径向波函数随电子温度的变化情况。从图 10.2 可以看出：径向波函数对电子温度的变化是不敏感的，其随电子温度的降低而非常缓慢地远离原子核。这是因为电子温度越低，自由电子的动能越小，自由电子越靠近原子核分布，自由电子对原子核的屏蔽强度逐渐增大并导致原子核的吸引力逐渐减小，从而使得束缚电子远离原子核运动的概率逐渐增加。

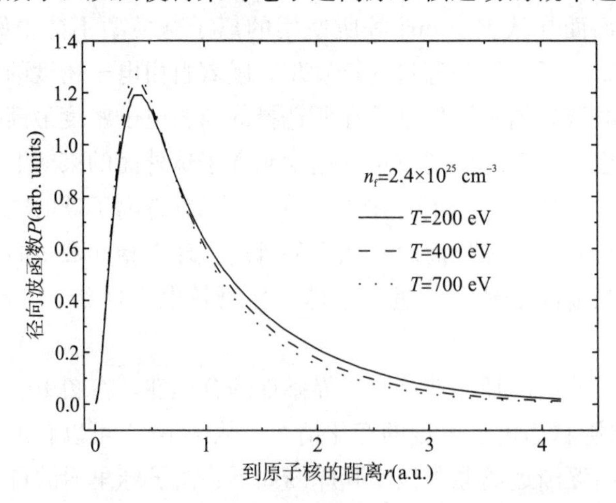


**图 10.2** $Al^{11+}$ **离子 2p 径向波函数随电子温度的变化情况**

### 10.2.3　经典转折点移动

束缚电子围绕着原子核运动，距离原子核越远，它们的动能越小。在某个点上束缚电子的动能从大于零转变为小于零，该点称为经典转折点。经典转折点半径（$R_{ctp}$）是从原子核到经典转折点的距离。如果从原子核到束缚电子的距离小于经典转折点半径，则束缚电子的动能是大于零的；否则，束缚电子的动能是小于零的。在经典物理中，一个物体的动能总是大于或者等于零的。然而，在量子物理中，微观粒子的动能是可以小于零的，且在动能小于零的区域波函数总是衰减的，这种现象称为量子隧道效应。

表10.2所示的是不同自由电子密度和电子温度下类氦铝离子1s2p（$^1P^o$）原子态的2p轨道上束缚电子的经典转折点半径，相应的曲线画于图10.3中。

**表10.2　类氦铝离子1s2p（$^1P^o$）原子态的2p轨道上束缚电子的经典转折点半径**

| $n_f$（$cm^{-3}$） | $R_0$（a.u.） | $R_{ctp}$（a.u.） | | | |
|---|---|---|---|---|---|
| | | 200 | 400 | 1000 | UEGISM |
| $1.00\times10^{24}$ | 2.6071 | 0.6886 | 0.6886 | 0.6886 | 0.6886 |
| $1.00\times10^{25}$ | 1.2100 | 0.7369 | 0.7369 | 0.7093 | 0.7093 |
| $2.00\times10^{25}$ | 0.9605 | 0.8583 | 0.8268 | 0.7963 | 0.7670 |
| $2.40\times10^{25}$ | 0.9039 | 1.1737 | 0.9739 | 0.8389 | 0.8082 |

注：1. 数字200、400、1000表示电子温度（eV）。

2. UEGISM表示用均匀电子气离子球模型所计算的结果。

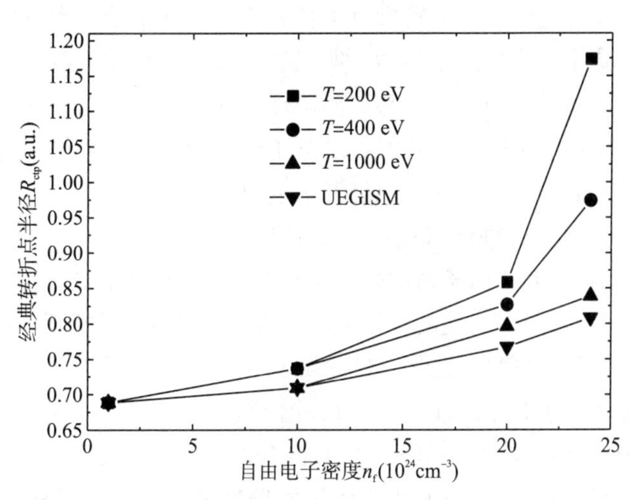


**图10.3**　2p轨道上束缚电子的经典转折点半径随自由电子密度和电子温度的变化情况

从图10.3可以看出：当电子温度一定时，经典转折点半径随自由电子密度的升高而不断增大；当自由电子密度较低时，经典转折点半径不随电子温度变化；但当自由电子密度较高时，经典转折点半径随电子温度的升高而减小，并逐渐接近于UEGISM的结果。上述变化的原因解释如下：当电子温度一定时，束缚电子感受到原子核的吸引力随自由电子密度的升高而减小，故束缚电子将会在距离原子核较远处运动，导致经典转折点半径的增加。当自由电子密度较低时，束缚电子感受到原子核的吸引力几乎不随电子温度变化，因此经典转折点半径与电子温度无关。然而，当自由电子密度较高时，随着电子温度的升高，自由电子的空间分布变得更均匀，原子核的吸引力逐渐增强，使得束缚电子在距离原子核较近处运动，从而使得经典转折点半径逐渐减小，并逐渐接近于UEGISM的结果。

### 10.2.4 类氢（氦）碳、铝和氩离子光谱的临界自由电子密度和临界电子温度

由于IPD效应的存在，随着自由电子密度的升高，激发态的个数和可观测的谱线数不断减少。如果自由电子密度小于或者等于某个值时，某个激发态存在和相应的谱线能够观测到；否则，该激发态和相应的谱线已消失，则该自由电子密度是能够观测到对应谱线的最大自由电子密度，称为临界自由电子密度。

文献［53］通过比较稠密等离子体中类氦离子 1s$n$p（$^1P^o$）原子态的能量和类氢离子 1s 原子态的能量来估算 1s$^2$（$^1S^e$）- 1s$n$p（$^1P^o$）（$n=2\sim4$）跃迁对应光谱的临界自由电子密度。然而，这可能不是确定临界自由电子密度的好方法，因为用这种方法确定的临界自由电子密度比实验结果大得多，故文献［53］又用IPD理论模型对所估算的临界自由电子密度进行了校正。下面介绍一种估算临界自由电子密度和临界电子温度的新方法。

当束缚电子的经典转折点半径大于离子球半径时，该束缚电子将转变为自由电子。其原因如下：如果束缚电子的经典转折点半径大于离子球半径，当束缚电子运动至离子球的球面上时，其动能仍然是大于零的，所以该束缚电子将继续向远离原子核的方向运动。与此同时，由于原子核的吸引，邻近离子球中的一个自由电子立即进入当前离子球中，因此整个离子球再次呈电中性状态，且离子球外面总的电势仍然为零。结果是逃逸的束缚电子变为自由电子，即束缚电子已经被电离了。

当一个跃迁中对应的两个原子态中的最高占据轨道上的束缚电子的经典转折点半径等于离子球半径时，对应的自由电子密度是该跃迁光谱能够存在的最大自由电子密度，我们将这个最大自由电子密度及其对应的电子温度称为临界自由电子密度和临界电子温度。类氦离子 1s$^2$（$^1S^e$）- 1s2p（$^1P^o$）、1s$^2$（$^1S^e$）- 1s3p（$^1P^o$）和 1s$^2$（$^1S^e$）- 1s4p（$^1P^o$）跃迁对应的谱线分别称为 $He_\alpha$、$He_\beta$ 和 $He_\gamma$ 谱线，类氢离子 1s（$^2S^e$）- 2p（$^2P^o$）、1s（$^2S^e$）- 3p（$^2P^o$）和 1s（$^2S^e$）- 4p（$^2P^o$）跃迁对应的谱线分别称为 $Ly_\alpha$、$Ly_\beta$ 和 $Ly_\gamma$ 谱线。表 10.3 所示的是用上述新方法所估算的稠密等离子体中类氢（氦）碳、铝、氩离子光谱的临界自由电子密度和临界电子温度。

**表 10.3　稠密等离子体中类氢（氦）碳、铝、氩离子光谱的临界自由电子密度和电子温度**

| $Z$ | $Ly_\alpha$ | | $Ly_\beta$ | | $Ly_\gamma$ | | $He_\alpha$ | | $He_\beta$ | | $He_\gamma$ | |
|---|---|---|---|---|---|---|---|---|---|---|---|---|
| | $n_c(cm^{-3})$ | $T_c(eV)$ | $n_c(cm^{-3})$ | $T_c(eV)$ | $n_c(cm^{-3})$ | $T_c(eV)$ | $n_c(cm^{-3})$ | $T_c(eV)$ | $n_c(cm^{-3})$ | $T_c(eV)$ | $n_c(cm^{-3})$ | $T_c(eV)$ |
| 6 | $1.50\times10^{24}$ | 160 | $1.40\times10^{23}$ | 40 | $2.70\times10^{22}$ | 50 | $7.30\times10^{23}$ | 150 | $6.90\times10^{22}$ | 50 | $1.30\times10^{22}$ | 30 |
| | $1.60\times10^{24}$ | 700 | $1.50\times10^{23}$ | 140 | $2.80\times10^{22}$ | 110 | $7.40\times10^{23}$ | 190 | $7.00\times10^{22}$ | 60 | $1.35\times10^{22}$ | UEGISM |
| | $1.65\times10^{24}$ | UEGISM | $1.55\times10^{23}$ | UEGISM | $2.90\times10^{22}$ | UEGISM | $7.50\times10^{23}$ | 260 | $7.10\times10^{22}$ | 80 | $1.88\times10^{22}$ [a] | |
| | $1.85\times10^{24}$ [a] | | $8.32\times10^{22}$ [a] | | | | $7.60\times10^{23}$ | 370 | $7.20\times10^{22}$ | 110 | | |
| | | | | | | | $7.70\times10^{23}$ | 600 | $7.30\times10^{22}$ | 170 | | |
| | | | | | | | $7.80\times10^{23}$ | 1250 | $7.40\times10^{22}$ | 320 | | |
| | | | | | | | $7.90\times10^{23}$ | UEGISM | $7.50\times10^{22}$ | UEGISM | | |
| | | | | | | | $8.05\times10^{23}$ [a] | | $5.15\times10^{22}$ [a] | | | |
| 13 | $3.20\times10^{25}$ | 400 | $3.10\times10^{24}$ | 200 | $6.10\times10^{23}$ | 200 | $2.20\times10^{25}$ | 180 | $2.20\times10^{24}$ | 100 | $4.20\times10^{23}$ | 100 |
| | $3.30\times10^{25}$ | 600 | $3.20\times10^{24}$ | 300 | $6.20\times10^{23}$ | 300 | $2.30\times10^{25}$ | 300 | $2.30\times10^{24}$ | 200 | $4.30\times10^{23}$ | 150 |
| | $3.40\times10^{25}$ | 900 | $3.30\times10^{24}$ | 400 | $6.30\times10^{23}$ | 400 | $2.40\times10^{25}$ | 500 | $2.40\times10^{24}$ | 400 | $4.40\times10^{23}$ | 200 |
| | $3.50\times10^{25}$ | 1500 | $3.40\times10^{24}$ | 700 | $6.40\times10^{23}$ | 700 | $2.50\times10^{25}$ | 1000 | $2.50\times10^{24}$ | 800 | $4.50\times10^{23}$ | 300 |
| | $3.60\times10^{25}$ | 2900 | $3.50\times10^{24}$ | 1600 | $6.50\times10^{23}$ | 1300 | $2.60\times10^{25}$ | 2200 | $2.60\times10^{24}$ | UEGISM | $4.60\times10^{23}$ | 400 |
| | $3.70\times10^{25}$ | UEGISM | $3.60\times10^{24}$ | UEGISM | $6.60\times10^{23}$ | UEGISM | $2.70\times10^{25}$ | UEGISM | $2.21\times10^{24}$ [a] | | $4.70\times10^{23}$ | 900 |
| | $3.52\times10^{25}$ [a] | | $3.31\times10^{24}$ [a] | | | | $2.43\times10^{25}$ [a] | | $2.20\times10^{24}$ [b] | 700[b] | $4.80\times10^{23}$ | UEGISM |
| | | | $2.20\times10^{24}$ [b] | | | | | | $2.44\times10^{24}$ [c] | | $5.0\times10^{23}$ [a] | |
| | | | $2.93\times10^{24}$ [c] | | | | | | $1.98\times10^{24}$～$2.64\times10^{24}$ [d] | | $6.60\times10^{22}$～$1.32\times10^{23}$ [d] | |
| | | | $2.64\times10^{24}$～$3.30\times10^{24}$ [d] | | | | | | | | | |

**续表10.3**

| $Z$ | $Ly_{\alpha}$ | | $Ly_{\beta}$ | | $Ly_{\gamma}$ | | $He_{\alpha}$ | | $He_{\beta}$ | | $He_{\gamma}$ | |
|---|---|---|---|---|---|---|---|---|---|---|---|---|
| | $n_c(cm^{-3})$ | $T_c(eV)$ | $n_c(cm^{-3})$ | $T_c(eV)$ | $n_c(cm^{-3})$ | $T_c(eV)$ | $n_c(cm^{-3})$ | $T_c(eV)$ | $n_c(cm^{-3})$ | $T_c(eV)$ | $n_c(cm^{-3})$ | $T_c(eV)$ |
| 18 | $1.20\times10^{26}$ | 900 | $1.15\times10^{25}$ | 350 | $2.10\times10^{24}$ | 150 | $9.00\times10^{25}$ | 400 | $8.50\times10^{24}$ | 150 | $1.70\times10^{24}$ | 200 |
| | $1.25\times10^{26}$ | 1600 | $1.20\times10^{25}$ | 600 | $2.20\times10^{24}$ | 300 | $9.50\times10^{25}$ | 800 | $9.00\times10^{24}$ | 250 | $1.75\times10^{24}$ | 250 |
| | $1.30\times10^{26}$ | 3200 | $1.25\times10^{25}$ | 1200 | $2.30\times10^{24}$ | 600 | $1.00\times10^{26}$ | 1600 | $9.50\times10^{24}$ | 500 | $1.80\times10^{24}$ | 400 |
| | $1.35\times10^{26}$ | 9200 | $1.30\times10^{25}$ | 3500 | $2.40\times10^{24}$ | 2000 | $1.05\times10^{26}$ | 4000 | $1.00\times10^{25}$ | 1100 | $1.85\times10^{24}$ | 700 |
| | $1.39\times10^{26}$ | UEGISM | $1.33\times10^{25}$ | UEGISM | $2.45\times10^{24}$ | UEGISM | $1.10\times10^{26}$ | UEGISM | $1.05\times10^{25}$ | UEGISM | $1.90\times10^{24}$ | 1400 |
| | $1.24\times10^{26}$ [a] | | $1.22\times10^{25}$ [a] | | | | $7.51\times10^{25}$ [a] | | $7.64\times10^{24}$ [a] | | $1.95\times10^{24}$ | UEGISM |
| | | | | | | | | | | | $2.11\times10^{24}$ [a] | |

注：1. a表示文献［53］的理论结果，b表示文献［43］的实验结果，c表示文献［18］的理论结果，d表示文献［51］的理论结果。

2. UEGISM表示用均匀电子气离子球模型所计算的结果。

用 SCFISM 能够同时计算出临界自由电子密度和临界电子温度。例如，能够观测到 $C^{4+}$ 离子 $He_\alpha$ 谱线的最大自由电子密度，即临界自由电子密度为 $7.30\times10^{23}$ $cm^{-3}$ 时，该临界自由电子密度对应的电子温度为 150 eV。从表 10.3 可以看出：本章所计算的临界自由电子密度与其他理论结果[18,43,51,53]符合得较好；临界电子温度越高，对应的临界自由电子密度越接近 UEGISM 所计算的结果。从表 10.3 还可以看出：本章用 SCFISM 所计算出的 $Al^{11+}$ 离子 $He_\beta$ 谱线的临界自由电子密度与 UEGISM 的结果相比，与 ORION 实验结果[43]符合得更好，所计算的临界自由电子密度与实验结果[43]完全一致。然而，我们所计算的临界自由电子密度对应的临界电子温度偏低，因为实验测量的稠密铝等离子体在临界自由电子密度为 $2.20\times10^{24}$ $cm^{-3}$ 时，对应的电子温度为 700 eV[43]。特别说明一点：基于 SCFISM 所计算的临界自由电子密度对应的临界电子温度仅仅考虑了自由电子对原子核的屏蔽而导致的压致电离。在实际等离子体中，随着电子温度的升高，热电离和碰撞电离越来越显著，应该是压致电离、热电离和碰撞电离等因素叠加而形成最终的电离状态。所以，我们估算的临界电子温度偏低的原因可能是在计算中未考虑电子温度引起的热电离和碰撞引起的碰撞电离的影响。另外，关于 $Al^{12+}$ 离子 $Ly_\beta$ 谱线的临界自由电子密度的所有理论结果（包括本章的结果）均高于实验结果[43]，迫切需要更精确的实验测量来确认实验的结果[43]。

### 10.2.5　类氢（氦、锂）离子（$Z=6\sim18$）光谱的临界自由电子密度

在上小节中，我们已经分析了用 SCFISM 所估算的临界电子温度是不够准确的，但用 UEGISM 所计算的类氦铝离子 $He_\beta$ 谱线的临界自由电子密度为 $2.60\times10^{24}$ $cm^{-3}$，与实验结果（$2.20\times10^{24}$ $cm^{-3}$）相比有些偏高，但差别不是很大。故用我们提出的估算光谱临界自由电子密度的新方法与 UEGISM 相结合所估算出的光谱的临界自由电子密度，可能对相关的稠密等离子体实验有较高的参考价值。因此，我们用 UEGISM 结合我们所提出的新方法估算了稠密等离子体中类氢（氦、锂）离子（$Z=6\sim18$）光谱的临界自由电子密度，其结果见表 10.4。

类氢离子 1s（$^2S_{1/2}$）- $n$p（$^2P_{1/2}$）和 1s（$^2S_{1/2}$）- $n$p（$^2P_{3/2}$）、类氦离子 $1s^2$（$^1S_0$）- 1s$n$p（$^1P_1$）和 $1s^2$（$^1S_0$）- 1s$n$p（$^3P_1$），以及类锂离子 $1s^22s$（$^2S_{1/2}$）- $1s^2n$p（$^2P_{1/2}$）和 $1s^22s$（$^2S_{1/2}$）- $1s^2n$p（$^2P_{3/2}$）（$n=2\sim4$）跃迁分别对应的光谱的临界自由电子密度完全相同，故我们在表 10.4 中没有区分具体的原子态，将类氢（氦、锂）离子相应的跃迁分别简记为 1s - $n$p、$1s^2$ - 1s$n$p、$1s^22s$ - $1s^2n$p（$n=2\sim4$）。对于类锂碳离子，自由电子密度比较低，离子球模型不再适用，故表 10.4 中未列出类锂碳离子光谱对应的临界自由电子密度。

**表 10.4　稠密等离子体中类氢（氦、锂）离子（$Z=6\sim18$）光谱的临界自由电子密度**

| $Z$ | $n_c$ ($cm^{-3}$) | | | | | | | | |
|---|---|---|---|---|---|---|---|---|---|
| | 类氢离子 | | | 类氦离子 | | | 类锂离子 | | |
| | 1s - 2p | 1s - 3p | 1s - 4p | $1s^2$ - 1s2p | $1s^2$ - 1s3p | $1s^2$ - 1s4p | $1s^22s$ - $1s^22p$ | $1s^22s$ - $1s^23p$ | $1s^22s$ - $1s^24p$ |
| 6 | $1.65\times10^{24}$ | $1.55\times10^{23}$ | $2.90\times10^{22}$ | $7.90\times10^{23}$ | $7.50\times10^{22}$ | $1.35\times10^{22}$ | | | |
| 7 | $3.04\times10^{24}$ | $2.95\times10^{23}$ | $5.36\times10^{22}$ | $1.70\times10^{24}$ | $1.59\times10^{23}$ | $2.94\times10^{22}$ | $1.02\times10^{24}$ | $7.90\times10^{22}$ | $1.41\times10^{22}$ |
| 8 | $5.26\times10^{24}$ | $4.98\times10^{23}$ | $9.31\times10^{22}$ | $3.18\times10^{24}$ | $3.01\times10^{23}$ | $5.51\times10^{22}$ | $1.80\times10^{24}$ | $1.67\times10^{23}$ | $3.03\times10^{22}$ |
| 9 | $8.49\times10^{24}$ | $8.07\times10^{23}$ | $1.52\times10^{23}$ | $5.51\times10^{24}$ | $5.15\times10^{23}$ | $9.31\times10^{22}$ | $3.31\times10^{24}$ | $3.10\times10^{23}$ | $5.51\times10^{22}$ |
| 10 | $1.29\times10^{25}$ | $1.24\times10^{24}$ | $2.27\times10^{23}$ | $8.71\times10^{24}$ | $8.26\times10^{23}$ | $1.52\times10^{23}$ | $5.65\times10^{24}$ | $5.26\times10^{23}$ | $9.60\times10^{22}$ |
| 11 | $1.91\times10^{25}$ | $1.85\times10^{24}$ | $3.37\times10^{23}$ | $1.35\times10^{25}$ | $1.27\times10^{24}$ | $2.32\times10^{23}$ | $8.95\times10^{24}$ | $8.46\times10^{23}$ | $1.55\times10^{23}$ |
| 12 | $2.71\times10^{25}$ | $2.62\times10^{24}$ | $4.76\times10^{23}$ | $1.97\times10^{25}$ | $1.87\times10^{24}$ | $3.40\times10^{23}$ | $1.37\times10^{25}$ | $1.29\times10^{24}$ | $2.36\times10^{23}$ |
| 13 | $3.70\times10^{25}$ | $3.60\times10^{24}$ | $6.60\times10^{23}$ | $2.70\times10^{25}$ | $2.60\times10^{24}$ | $4.80\times10^{23}$ | $2.01\times10^{25}$ | $1.90\times10^{24}$ | $3.46\times10^{23}$ |
| 14 | $5.03\times10^{25}$ | $4.84\times10^{24}$ | $8.97\times10^{23}$ | $3.85\times10^{25}$ | $3.68\times10^{24}$ | $6.63\times10^{23}$ | $2.84\times10^{25}$ | $2.67\times10^{24}$ | $4.85\times10^{23}$ |
| 15 | $6.67\times10^{25}$ | $6.43\times10^{24}$ | $1.19\times10^{24}$ | $5.18\times10^{25}$ | $4.93\times10^{24}$ | $8.97\times10^{23}$ | $3.93\times10^{25}$ | $3.68\times10^{24}$ | $6.76\times10^{23}$ |
| 16 | $8.65\times10^{25}$ | $8.28\times10^{24}$ | $1.53\times10^{24}$ | $6.82\times10^{25}$ | $6.46\times10^{24}$ | $1.17\times10^{24}$ | $5.28\times10^{25}$ | $4.93\times10^{24}$ | $9.06\times10^{23}$ |
| 17 | $1.10\times10^{26}$ | $1.06\times10^{25}$ | $1.96\times10^{24}$ | $8.85\times10^{25}$ | $8.45\times10^{24}$ | $1.55\times10^{24}$ | $6.94\times10^{25}$ | $6.56\times10^{24}$ | $1.20\times10^{24}$ |
| 18 | $1.39\times10^{26}$ | $1.33\times10^{25}$ | $2.45\times10^{24}$ | $1.10\times10^{26}$ | $1.05\times10^{25}$ | $1.95\times10^{24}$ | $8.98\times10^{25}$ | $8.45\times10^{24}$ | $1.57\times10^{24}$ |

图 10.4 所示的是类氢离子（$Z=6\sim18$）1s - 2p、1s - 3p 和 1s - 4p 跃迁光谱的临界自由电子密度随核电荷数的变化情况。

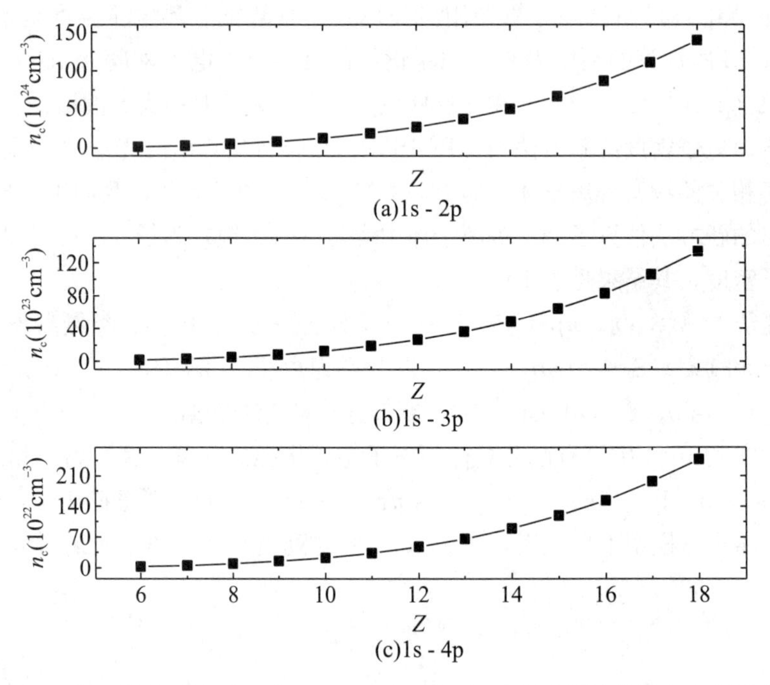


**图 10.4　类氢离子（$Z=6\sim18$）1s - $n$p（$n=2\sim4$）跃迁光谱的临界自由电子密度随核电荷数的变化情况**

从图 10.4 可以看出：1s - 2p、1s - 3p 和 1s - 4p 的跃迁光谱对应的临界自由电子密度随核电荷数的变化趋势非常相似，均随核电荷数的增大而升高。这是因为对于类氢离子，随着核电荷数的增大，原子核对束缚电子的吸引力逐渐增强。要使得同一跃迁的两个原子态中的最高占据轨道上的束缚电子摆脱原子核的束缚，则需要更多的自由电子来屏蔽原子核的吸引力，即临界自由电子密度逐渐升高。类氦（锂）离子（$Z=6\sim18$）跃迁光谱的临界自由电子密度随核电荷数的变化情况与类氢离子的相似，不赘述。

## 10.3　小结

本章首先对目前的离子球模型做了改进：允许束缚电子隧穿至离子球外面，当束缚电子径向波函数值在离子球的球面上不为零时，要求其在离子球外面逐渐衰减至零；同时，从当前离子球中隧穿出去多少个束缚电子，则从邻近离子球中隧穿进来多少个自由电子，这样就保持了当前离子球和邻近离子球都始终呈电中性状态。

本章提出了一种估算稠密等离子体中高离化态离子光谱临界自由电子密度的新方法。如果一个跃迁对应的两个原子态中的最高占据轨道上束缚电子的经典转折点半径小于或者等于离子球半径，对应的光谱可以观测到；否则，束缚电子已经被电离了，相应的光谱观测不到。当最高占据轨道上束缚电子的经典转折点半径恰好等于离子球半径时，对应的自由电子密度称为相应光谱的临界自由电子密度，与该临界自由电子密度对应的电子温度称为临界电子温度。我们计算的类氦铝离子 $He_\beta$ 谱线的临界自由电子密度比其他理论结果更加接近于 ORION 的实验结果。然而，我们所计算的临界电子温度偏低，这是因为当前的离子球模型未考虑热电离和碰撞电离的影响。

基于我们提出的估算高离化态离子光谱临界自由电子密度的新方法，用均匀电子气离子球模型估算了类氢（氦、锂）离子（$Z=6\sim18$）束缚电子从 1s 轨道跃迁至 $n$p 轨道对应的跃迁光谱的临界自由电子密度。与 ORION 实验结果相比较，用均匀电子气离子球模型估算的类氦铝离子 $He_\beta$ 谱线的临界自由电子密度偏高，但相差不大，故我们估算的类氢（氦、锂）离子（$Z=6\sim18$）光谱的临界自由电子密度对相关的电离势降低等离子体实验具有较高的参考价值。

# 参考文献


[1] Miyamoto K. Plasma Physics and Controlled Nuclear Fusion [M]. Berlin Heidelberg：Springer Press，2005.

[2] Salzmann D. Atomic Physics in Hot Plasmas [M]. Oxford：Oxford University Press，1998.

[3] More R M. Electronic energy-levels in dense plasmas [J]. Journal of Quantitative Spectroscopy & Radiative Transfer，1982，27 (3)：345-357.

[4] 姜明，程新路，杨向东. 高密度氩等离子体电子密度的计算 [J]. 原子与分子物理学报，2004，21 (3)：421-424.

[5] 张丽，李向东. 等离子体效应对碳的类氢离子能级的影响 [J]. 光学学报，2006，26 (11)：1755-1760.

[6] Cauble R. A model for the spectral line polarization shift in dense plasma [J]. Journal of Quantitative Spectroscopy & Radiative Transfer，1982，28 (1)：41-46.

[7] Kunze H J. Introduction to Plasma Spectroscopy [M]. Berlin Heidelberg：Springer Press，2009.

[8] 孙汉文. 原子光谱分析 [M]. 北京：高等教育出版社，2002.

[9] 闫鹏，常胜利，秦祖军，等. 高温 $CO_2$ 气体发射光谱展宽效应的精细光谱研究 [J]. 桂林电子科技大学学报，2018，38 (2)：134-138.

[10] 张庆国，尤景汉，贺健. 谱线展宽的物理机制及其半高宽 [J]. 河南科技大学学报（自然科学版），2008，29 (1)：84-87.

[11] He J，Zhang C M. The accurate calculation of the Fourier transform of the pure Voigt function [J]. Journal of Optics A：Pure and Applied Optics，2005，7 (10)：613-616.

[12] He J，Zhang Q. The calculation of the resonance escape factor of helium for Lorentzian and Voigt profiles [J]. Physics Letters A，2006，359 (4)：256-260.

[13] 李廷钧. 发射光谱分析 [M]. 北京：原子能出版社，1983.

[14] 邱德仁. 原子光谱分析 [M]. 上海：复旦大学出版社，2002.

[15] 杨福家. 原子物理学 [M]. 4 版. 北京：高等教育出版社，2008.

[16] 翟洋. 瞬态等离子体温度光谱法诊断技术研究及应用 [D]. 南京：南京理工大学，2014.

[17] 王宏斌. $P^{2+}$、$Sc^{2+}$ 离子的光电离和 N-like ions (Na-Ca) 的电子碰撞激发的研究

[D]. 成都：四川大学，2017.
[18] Son S K, Thiele R, Jurek Z, et al. Quantum-mechanical calculation of ionization potential lowering in dense plasmas [J]. Physical Review X, 2014, 4 (3): 031004.
[19] Chabrier G. Plasma physics and planetary astrophysics [J]. Plasma Physics Controlled Fusion, 2009, 51 (12): 124014.
[20] Helled R, Anderson J D, Podolak M, et al. Interior models of uranus and neptune [J]. The Astrophysical Journal, 2011, 726 (1): 15.
[21] Moses E I, Boyd R N, Remington B A, et al. The national ignition facility: Ushering in a new age for high energy density science [J]. Physics of Plasmas, 2009, 16 (4): 041006.
[22] Emma P, Akre R, Arthur J, et al. First lasing and operation of an ångstrom-wavelength free-electron laser [J]. Nature Photonics, 2010, 4: 641.
[23] Ishikawa K L, Ueda K. Competition of resonant and nonresonant paths in resonance enhanced two-photon single ionization of He by an Ultrashort extreme-ultraviolet pulse [J]. Physical Review Letters, 2012, 108 (3): 033003.
[24] Hopps N, Oades K, Andrew J, et al. Comprehensive description of the Orion laser facility [J]. Plasma Physics and Controlled Fusion, 2015, 57 (6): 064002.
[25] Zhang J, Andra M, Barten R, et al. Towards Gotthard-II: Development of a silicon microstrip detector for the European X-ray free-electron laser [J]. Journal of Instrumentation, 2018, 13 (1): P01025.
[26] Hu S X. Continuum lowering and Fermi-surface rising in strongly coupled and degenerate plasmas [J]. Physical Review Letters, 2017, 119: 065001.
[27] Glenzer S H, Redmer R. X-ray Thomson scattering in high energy density plasmas [J]. Review of Modern Physics, 2009, 81 (4): 1625-1663.
[28] Drake R P. Perspectives on high-energy-density physics [J]. Physics of Plasmas, 2009, 16 (5): 055501.
[29] Lee H J, Neumayer P, Castor J, et al. X-ray Thomson-scattering measurements of density and temperature in shock-compressed Beryllium [J]. Physical Review Letters, 2009, 102: 115001.
[30] García-Saiz E, Gregori G, Khattak F Y, et al. Evidence of short-range screening in shock-compressed Aluminum plasma [J]. Physical Review Letters, 2008, 101: 075003.
[31] Knudson M D, Desjarlais M P, Lemke R W, et al. Probing the interiors of the ice giants: Shock compression of water to 700 GPa and 3.8 g/cm$^3$ [J]. Physical Review Letters, 2012, 108: 091102.
[32] Nettelmann N, Redmer R, Blaschke D. Warm dense matter in giant planets and exoplanets [J]. Physics of Particles and Nuclei, 2008, 39 (7): 1122-1127.

[33] Glenzer S H, et al. Symmetric inertial confinement fusion implosions at ultra-high laser energies [J]. Science, 2010, 327 (5970): 1228-1231.

[34] Lindl J. Development of the indirect-drive approach to inertial confinement fusion and the target physics basis for ignition and gain [J]. Physics of Plasmas, 1995, 2 (11): 3933-4044.

[35] Nantel M, Ma G, Gu S, et al. Pressure ionization and line merging in strongly coupled plasmas produced by 100-fs laser pulses [J]. Physical Review Letters, 1998, 80: 4442.

[36] Saemann A, Eidmann K, Golovkin I E, et al. Isochoric heating of solid Aluminum by ultrashort laser pulses focused on a tamped target [J]. Physical Review Letters, 1999, 82: 4843.

[37] Woolsey N C, Hamme B A, Keane C J, et al. Competing effects of collisional ionization and radiative cooling in inertially confined plasmas [J]. Physical Review E, 1998, 57 (4): 4650.

[38] Vinko S M, Ciricosta O, Cho B I, et al. Creation and diagnosis of a solid-density plasma with an X-ray free-electron laser [J]. Nature, 2012, 482: 59-62.

[39] Ciricosta O, Vinko S M, Chung H-K, et al. Direct measurements of the ionization potential depression in a dense plasma [J]. Physical Review Letters, 2012, 109: 065002.

[40] Ciricosta O, Vinko S M, Barbrel B, et al. Measurements of continuum lowering in solid-density plasmas created from elements and compounds [J]. Nature Communication, 2016, 7: 11713.

[41] Cho B I, Engelhorn K, Vinko S M, et al. Resonant $K_\alpha$ spectroscopy of solid-density Aluminum plasmas [J]. Physical Review Letters, 2012, 109: 245003.

[42] Vinko S M, Ciricosta O, Preston T R, et al. Investigation of femtosecond collisional ionization rates in a solid-density aluminium plasma [J]. Nature Communication, 2015, 6: 6397.

[43] Hoarty D J, Allan P, James S F, et al. Observations of the effect of ionization-potential depression in hot dense plasma [J]. Physical Review Letters, 2013, 110: 265003.

[44] Fletcher L B, Kritcher A L, Pak A, et al. Observations of continuum depression in warm dense matter with X-ray Thomson scattering [J]. Physical Review Letters, 2014, 112: 145004.

[45] Kraus D, Chapman D A, Kritcher A L, et al. X-ray scattering measurements on imploding CH spheres at the National Ignition Facility [J]. Physical Review E, 2016, 94 (6): 011202 (R).

[46] Stewart J C, Pyatt-Jr K D. Lowering of ionization potentials in plasmas [J]. Astrophysical Journal, 1966, 144 (3): 1203-1211.

[47] Ecker G, Kröll W. Lowering of the ionization energy for a plasma in thermodynamic equilibrium [J]. The Physics of Fluids, 1963, 6 (1): 62-69.

[48] Iglesias C A. A plea for a reexamination of ionization potential depression measurements [J]. High Energy Density Physics, 2014, 12 (1): 5-11.

[49] Iglesias C A, Sterne P A. Fluctuations and the ionization potential in dense plasmas [J]. High Energy Density Physics, 2013, 9 (1): 103-107.

[50] Calisti A, Ferri S, Talin B. Ionization potential depression for non equilibrated aluminum plasmas [J]. Journal of Physics B: Atomic, Molecular and Optical Physics, 2015, 48 (22): 224003.

[51] Preston T R, Vinko S M, Ciricosta O, et al. The effects of ionization potential depression on the spectra emitted by hot dense aluminium plasmas [J]. High Energy Density Physics, 2013, 9 (2): 258-263.

[52] Crowley B J B. Continuum lowering—A new perspective [J]. High Energy Density Physics, 2014, 13 (1): 84-102.

[53] Bhattacharyya S, Saha J K, Mukherjee T K. Non-relativistic structure calculations of two-electron ions in a strongly coupled plasma environment [J]. Physical Review A, 2015, 91 (4): 042515.

[54] Sil A N, Anton J, Fritzsche S, et al. Spectra of Heliumlike Carbon, Aluminium and Argon under strongly coupled plasma [J]. The European Physical Journal D, 2009, 55: 645.

[55] Das M, Sahoo B K, Pa S L. Plasma screening effects on the electronic structure of multiply charged Al ions using Debye and ion-sphere models [J]. Physical Review A, 2016, 93 (5): 052513.

[56] Salzmann D, Szichman H. Density dependence of the atomic transition probabilities in hot, dense plasmas [J]. Physical Review A, 1987, 35 (2): 807-814.

[57] Saha B, Fritzsche S. Influence of dense plasma on the low-lying transitions in Be-like ions: relativistic multiconfiguration Dirac-Fock calculation [J]. Journal of Physics B: Atomic, Molecular and Optical Physics, 2007, 40 (2): 259-270.

[58] Belkhiri M, Fontes C J, Poirier M. Influence of the plasma environment on atomic structure using an ion-sphere model [J]. Physical Review A, 2015, 92 (9): 032501.

[59] Li X D, Rosmej F B. The impact of dense plasma environments on the 1s3l fine structure levels of He-like ions [J]. Journal of Quantitative Spectroscopy & Radiative Transfer, 2012, 113 (9): 680-690.

[60] Li X D, Rosmej F B. Spin-dependent energy-level crossings in highly charged ions due to dense plasma environments [J]. Physical Review A, 2010, 82 (2): 022503.

[61] Rozsnyai B F. Photoabsorption in hot plasmas based on the ion-sphere and ion-

correlation models [J]. Physical Review A，1991，43 (6)：3035-3042.
[62] De M，Ray D. Influence of dense quantum plasmas on fine-structure splitting of Lyman doublets of Hydrogenic systems [J]. Physics of Plasmas，2015，22 (5)：054503.
[63] Das M，Chaudhuri R K，Chattopadhyay S，et al. Application of relativistic coupled cluster linear response theory to helium-like ions embedded in plasma environment [J]. Journal of Physics B：Atomic，Molecular and Optical Physics，2011，44 (16)：165701.
[64] Chen Z B，Sun H Y，Liu P F. Polarization of fluorescence radiation following electron impact excitation of ions immersed in strongly coupled plasmas [J]. Physical of Plasmas，2019，26 (11)：112111.
[65] Singh A，Dawra D，Dimri M，et al. Plasma screening effects on the atomic structure of He-like ions embedded in strongly coupled plasma [J]. Physics Letters A，2020，384 (12)：126369.
[66] Salzmann D. Strongly coupled plasmas：High-density classical plasmas and degenerate electron liquids [J]. Review of Modern Physics，1982，54 (4)：1017-1059.
[67] Bely-Dubau F，Gabriel A，Volonte S. Dielectronic satellite spectra for highly charged helium-like ions-V. Effect of total satellite contribution on the solar flare iron pectra [J]. Monthly Notices of the Royal Astronomical Society，1979，189 (4)：801-809.
[68] Saha J K，Mukherjee T K，Mukherjee P K，et al. Effect of strongly coupled plasma on the doubly excited states of heliumlike ions [J]. The European Physical Journal D，2012，66：43.
[69] Belkhiri M，Fontes C J. Influence of the plasma environment on auto-ionization [J]. Journal of Physics B：Atomic，Molecular and Optical Physics，2016，49 (17)：175002.
[70] Mondal P K，Dutta N N，Dixit G，et al. Effect of screening on spectroscopic properties of Li-like ions in a plasma environment [J]. Physical Review A，2013，87 (6)：062502.
[71] 于新明，程书博，易有根，等. Al 等离子体类锂伴线的布居机制分析及实验应用 [J]. 物理学报，2011，60 (8)：425-430.
[72] Madhulita D，Chaudhuri R K，Chattopadhyay S. Application of relativistic Fock-space coupled-cluster theory to study Li and Li-like ions in plasma [J]. Physical Review A，2012，85 (4)：042506.
[73] Das M，Sahoo B K，Pal S. Relativistic spectroscopy of plasma-embedded Li-like systems with screening effects in two-body Debye potentials [J]. Journal of Physics B：Atomic，Molecular and Optical Physics，2014，47 (17)：175701.

[74] Ichimaru S. Strongly coupled plasmas: High-density classical plasmas and degenerate electron liquids [J]. Review of Modern Physics, 1982, 54 (4): 1017-1059.

[75] Killiana T C, Pattard T, Pohl T, et al. Ultracold neutral plasmas [J]. Physics Reports, 2007, 449 (4): 77-130.

[76] 李向富，李高清. 等离子体环境中原子势模型的概述 [J]. 陇东学院学报，2016，27 (1): 5-8.

[77] Murillo M S, Weisheit J C. Dense plasmas, screened interactions, and atomic ionization [J]. Physics Reports, 1998, 302 (1): 1-45.

[78] Rozsnyai B F. Shock Hugoniots based on the self-consistent average atom (SCAA) model: Theory and experiments [J]. High Energy Density Physics, 2012, 8 (1): 88-100.

[79] Grant I P. Relativistic calculation of atomic properties [J]. Computer Physics Communications, 1994, 84 (1-3): 59-77.

[80] Salzmann D, Stein J, Goldberg I B, et al. Effect of nearest-neighbor ions on excited ionic states, emission spectra, and line profiles in hot and dense plasmas [J]. Physical Review A, 1991, 44 (7): 1270-1278.

[81] Rozsnyai B F. Equation of state calculations based on the self-consistent ion-sphere and ion-correlation average atom models [J]. High Energy Density Physics, 2014, 10 (1): 16-26.

[82] Hansen J P, Mdonald I R. Theory of Simple Liquids [M]. New York: New York Press, 1986.

[83] Grant I P, McKenzie B J, Norrington P H, et al. An atomic multiconfigurational Dirac-Fock package [J]. Computer Physics Communications, 1980, 21 (2): 207-231.

[84] Dyall K G, Grant I P, Johnson C T, et al. GRASP: A general-purpose relativistic atomic structure program [J]. Computer Physics Communications, 1989, 55 (3): 425-456.

[85] Grant I P. Relativistic calculation of atomic structures [J]. Advances in Physics, 1970, 19 (82): 747-811.

[86] Grant I P. Gauge invariance and relativistic radiative transitions [J]. Journal of Physics B: Atomic, Molecular and Optical Physics, 1974, 7 (3): 1458-1464.

[87] Fischer C F. Self-consistent-field (SCF) and multiconfiguration (MC) Hartree-Fock (HF) methods in atomic calculations: Numerical integration approaches [J]. Computer Physics Reports, 1986, 3 (5): 274-325.

[88] Libbert A I, Fischer C F, Godefroid M R. Non-orthogonal orbitals in MCHF or configuration interaction wave functions [J]. Computer Physics Communications, 1988, 51 (3): 285-293.

[89] Burke V M, Grant I P. The effect of relativity on atomic wave functions [J]. Proceedings of the Physical Society, 1967, 90 (2): 297-314.
[90] Koopmans T. Über die Zuordnung von Wellenfunktionen und Eigenwerten zu den Einzelnen Elektronen Eines Atoms [J]. Physica, 1934, 1 (1-6): 104-113.
[91] Grant I P, Mayers D F, Pyper N C. Studies in multiconfiguration Dirac-Fock theory I: The low-lying spectrum of Hf III [J]. Journal of Physics B: Atomic, Molecular and Optical Physics, 1976, 9 (16): 2777-27796.
[92] Mohr P J. Lamb shift in a strong Coulomb potential [J]. Physical Review Letters, 1975, 34 (4): 1050-1053.
[93] Mohr P J. Self-energy of the $n=2$ states in a strong Coulomb field [J]. Physical Review A, 1982, 26 (11): 2338-2347.
[94] Johnson W R, Soff G. The lamb shift in hydrogen-like atoms ($1 \leqslant Z \leqslant 10$) [J]. Atomic Data and Nuclear Data Tables, 1985, 33 (1): 405-432.
[95] Fullerton L W, Rinker-Jr G A. Accurate and efficient methods for the evaluation of vacuum-polarization potentials of order $Z\alpha$ and $Z\alpha^2$ [J]. Physical Review A, 1976, 13 (3): 1283.
[96] Brink D M, Satchler G R. Angular Momentum [M]. Oxford: Oxford University Press, 1968.
[97] Norrington P H, Kingston A E, Boone A W. Energy levels and transition probabilities for Fe XXV ions [J]. Journal of Physics B: Atomic, Molecular and Optical Physics, 2000, 33 (9): 1767-1788.
[98] Jonsson P, He X H, Fischer C F, et al. The grasp2K relativistic atomic structure package [J]. Computer Physics Communications, 2007, 177 (7): 597-622.
[99] Jonsson P, Gaigalas G, Bieron J, et al. New version: Grasp2K relativistic atomic structure package [J]. Computer Physics Communications, 2013, 184 (9): 2197-2203.
[100] Yuan J M. Self-consistent average-atom scheme for electronic structure of hot and dense plasmas of mixture [J]. Physical Review E, 2002, 66 (12): 047401.
[101] Li Y, Wu J, Hou Y, et al. Influence of hot and dense plasmas on energy levels and oscillator strengths of ions: Beryllium-like ions for $Z=26$-$36$ [J]. Journal of Physics B: Atomic, Molecular and Optical Physics, 2008, 41 (14): 145002.
[102] NIST Database, https://www.nist.gov/pml/atomic-spectra-database.
[103] Jitrik O, Bunge C F. Transition probabilities for Hydrogen-like atoms [J]. Journal of Physical and Chemical Reference Data, 2004, 33 (4): 1059-1070.
[104] Bhattacharyya S, Sil A N, Fritzsche S, et al. Effect of strongly coupled plasma on the spectra of hydrogenlike Carbon, Aluminium and Argon [J]. The European Physical Journal D, 2008, 46 (1): 1-8.

[105] Froese C. Numerical solution of the Hartree-Fock equations [J]. Canadian Journal of Physics, 1963, 41 (6): 1895-1902.

[106] Grant I P. Relativistic quantum theory of atoms and molecules [M]. Berlin Heidelberg: Springer Press, 2007.

[107] Fischer Froese C, Brage T, Jönsson P. Computational Atomic Structure: An MCHF Approach [M]. London: The Institute of Physics Press, 1997.

[108] Saloman E B. Energy levels and observed spectral lines of ionized Argon, ArII through ArXVIII [J]. Journal of Physical and Chemical Reference Data, 2010, 39 (3): 033101.

[109] Montgomery H E, Pupyshev I V. Confined two-electron systems: Excited singlet and triplet S states [J]. Theoretical Chemistry Accounts, 2015, 134 (14): 1598.

[110] Bhattacharyya S, Saha J K, Mukherjee P K. Precise estimation of the energy levels of two-electron atoms under spherical confinement [J]. Physica Scripta, 2013, 87 (6): 065305.

[111] Yakar Y, Akir B, Ozmen A. Computation of ionization and various excited state energies of Helium and Helium-like quantum dots [J]. International Journal of Quantum Chemistry, 2011, 111 (15): 4139-4149.

[112] Sen K D. Shell-confined Hydrogen atom [J]. Journal of Chemical Physics, 2005, 122 (19): 194324.

[113] Chandra R, Dutta B, Saha J K, et al. Explicitly correlated variational estimates of the energy levels of negative Hydrogen ion under spatial confinement [J]. International Journal of Quantum Chemistry, 2018, 118 (14): e25597.

[114] Saha J K, Bhattacharyya S, Mukherjee T K. Ritz variational calculation for the singly excited states of compressed two-electron atoms [J]. International Journal of Quantum Chemistry, 2016, 116 (23): 1802-1813.

[115] Saha J K, Bhattacharyya S, Mukherjee T K. Electronic structure of Helium atom in a quantum dot [J]. Communications in Theoretical Physics, 2016, 65 (3): 347-353.

[116] Mukherjee T K, Mukherjee P K. Variational equation of states of arbitrary angular momentum for two-particle systems [J]. Physical Review A, 1994, 50 (1): 850-853.

[117] Bhatia A K, Temkin A. Symmetric Euler-angle decomposition of the two-electron fixed-nucleus problem [J]. Review of Modern Physics, 1964, 36 (1): 1050-1094.

[118] Nelder J A, Mead R. A simplex method for function mini-mization [J]. Computer Journal, 1965, 7 (2): 308-313.

[119] Laughlin C, Chu S I. A highly accurate study of a helium atom under pressure [J].

Journal of Physics A：Mathematical and Theoretical，2009，42（26）：265004.

[120] Kroupp E，Osin D，Starobinets A，et al. Ion-kinetic-energy measurements and energy balance in a Z-pinch plasma at stagnation [J]. Physical Review Letters，2007，98：115001.

[121] Tsigutkin K，Kroupp E，Stambulchik E，et al. Diagnostics and investigations of the plasma and field properties in pulsed-plasma configurations [J]. IEEJ Transactions on Fundamentals and Materials，2004，124（6）：501-508.

[122] Kaur C，Chaurasia S，Poswal A，et al. K-shell X-ray spectroscopy of laser produced aluminum plasma [J]. Journal of Quantitative Spectroscopy & Radiative Transfer，2017，187（1）：20-29.

[123] Lunney J G，Seely J F. Inner-shell excitation of argon dielectronic satellite spectral lines in imploded microballoon plasmas [J]. Journal of Physics B：Atomic，Molecular and Optical Physics，1982，15：L121-L127.

[124] Porquet D，Mewe R，Dubau J，et al. Line ratios for Helium-like ions：Applications to collision-dominated plasmas [J]. Astronomy & Astrophysics，2001，376（3）：1113-1122.

[125] Iorga C，Stancalie V，Pais V. Spectral identification of X-ray transitions from autoionizing levels in dense laser-produced aluminum plasma [J]. Romanian Reports in Physics，2016，68（10）：29404-29411.

[126] Saha J K，Mukherjee T K，Mukherjee P K，et al. Effect of strongly coupled plasma on the magnetic dipolar and quadrupolar transitions of two-electron ions [J]. Physics of Plasmas，2013，20（4）：042703.

[127] Nikiforov A F，Novikov V G，Uvarov V B. Quantum-Statistical Models of Hot Dense Matter：Methods for Computation Opacity and Equation of State [M]. Berlin Heidelberg：Springer Press，2005.

[128] Maron Y，Starobinets A，Fisher V I，et al. Pressure and energy balance of stagnating plasmas in Z-pinch experiments：Implications to current flow at stagnation [J]. Physical Review Letters，2013，111：035001.

[129] Li X，Zheng X，Deng P，et al. Critical free electron densities and temperatures for spectral lines in dense plasmas [J]. The European Physical Journal D，2018，72（10）：176.

[130] Massacriert G，Dubau J. A theoretical approach to N-electron ionic structure under dense plasma conditions：I. Blue and red shift [J]. Journal of Physics B：Atomic，Molecular and Optical Physics，1990，23（13）：2459-2469.

[131] Belkhiri M，Poirier M. Density effects in plasmas：Detailed atomic calculations and analytical expressions [J]. High Energy Density Physics，2013，9（3）：609-617.

# 后　　记

近期关于电离势降低效应的等离子体实验结果表明：目前关于电离势降低效应的理论模型均不能精确地描述等离子体实验结果。最重要的原因是现有的理论模型均主要考虑了自由电子的静态屏蔽效应，没有考虑温度的热效应和电子间碰撞的动力学效应。我们采用自洽场离子球模型或者均匀电子气离子球模型描述稠密等离子体的环境效应，也是没有考虑温度的热效应和电子间碰撞的动力学效应；同时，离子球模型没有考虑相邻离子间的关联效应，当等离子体密度很高时，离子间的距离非常小，离子间的关联效应不可忽略。所以，虽然我们目前已取得了一些比较有意义的研究成果，但还不能完美解释等离子体实验结果。

我们计划在目前的自洽场离子球模型基础上，首先建立离子关联模型用以描述离子间的关联效应。其次，在所建立的离子关联模型基础上建立一个热动力学势用以描述温度的热效应和电子间碰撞的动力学效应。最后，利用已有的等离子体实验结果检验所建立的离子关联模型和热动力学势的合理性。离子关联模型程序比自洽场离子球模型程序更复杂，如何在自洽场离子球模型程序基础上编写出正确的离子关联模型程序？热动力学势的形式怎么选取？物理根据是什么？这些问题均是我们将来要解决的科学问题。

**李向富**

**2023 年 1 月**